KB179172

나는 효소이다

생명을 지탱하는 초능력자들

후지모토 다이사브로 지음
안용근 옮김

전파과학사

머리말

이 책은 효소에 대한 알기 쉬운 해설서이다. 효소는 비누 같은 데에도 들어 있어서 우리와 매우 친숙하다.

누구나 '효소'라는 말은 알고 있다. 그러나 "효소란 도대체 어떤 것이냐"라고 질문하면 의외로 잘 알지 못하는 사람이 많다. 그래서 쉬운 효소 책을 써 보려고 생각하게 되었다. 실은 나는 얼마 전에 『효소의 과학』이라는 책을 썼다. 이것은 이과 계열 대학생을 위한 효소학의 입문서로 상당히 쉽게 쓰려고 했다.

그러나 이 책을 읽어 본 블루백스 편집부의 다나베 씨는 내용이 어려워서 효소가 어떤 것인지 잘 이해할 수 없었다고 한다. 그래서 이번에야말로 일반인도 알기 쉽고 친숙해질 수 있는 책을 내려고 마음먹고 쓴 것이 본서이다.

효소의 본질은 몸속에서 일어나는 화학 반응의 촉매이다.

즉 이 책은 화학책에 속한다. 그러나 화학 구조식은 본문에는 전혀 들어 있지 않다. 화학 구조라면 머리부터 아파지는 사람들을 위해서이다. 이해하기 쉽도록 전문적인 얘기는 생략한 곳이 많다.

물론 부족하게 생각하는 사람도 많을 것이다. 그런 분은 책 끝의 화학 구조식을 참조하거나 또는 위에서 언급한 『효소의 과학』을 찾아보기 바란다.

후지모토 다이사브로

옮긴이 머리말

효소는 생명 현상을 지탱하는 모든 생화학 반응의 촉매로, 한 나라의 생명 과학 수준은 효소학 수준에 비례한다고 할 수 있다.

본인은 효소 화학을 전공하는 사람으로 국내에 효소학에 대한 이론서가 없는 것이 안타까워 청문각 출판사에서 『효소 화학』이라는 교재를 출판했다. 그러나 전문서이기 때문에 기회 있는 대로 초보자들을 위한 입문서를 다시 엮으려고 생각하고 있었다. 마침 일본 고단샤에서 블루백스 시리즈로 『나는 효소이다』를 출간하였다. 살펴보니 내용이 훌륭하여 번역하게 되었다. 이것으로 전파과학사의 블루백스 시리즈를 9권 째 번역하지만 지금까지는 이 책을 기다리기 위한 나날들이었다고 할 수 있다.

1990년 여름방학에는 무리를 하면서 4권을 번역한 적이 있다. 그때 눈을 많이 버렸다. 그 후 눈 때문에 쉬면서 눈을 버리지 않고, 속도가 빠른 방법을 모색하기 위해 방학 때 타자학원에 다니고, 컴퓨터를 한 대 사서 워드프로세서를 익혔다. 그 사이에는 저서를 주로 집필하고, 번역 작업은 쉬었다. 워드프로세서 실력은 손으로 쓰는 것보다 약간 빠른 정도이다. 본서의 탈고에는 쉬엄쉬엄 열흘 걸렸다. 앞으로는 책 한 권을 닷새에 탈고할 수 있을지도 모르겠다.

이 책은 효소학에 대한 일반 대중 과학서로, 또 효소학을 전공하는 사람들의 기초 입문서로 유용하다. 그러나 기초서이기 때문에 부족한 점이 있으리라 생각한다. 효소학에 대해서 더 공부하고 싶은 사람은 본인이 지은 『효소 화학』(청문각 발행)이 라는 교재를 참고하기 바란다. 바로 기초와 응용을 보강한 개 정판이 나올 것이다.

효소, 단백질 연구에는 필자가 저술한 『효소 단백질 정제법』(근 간)을 참고하기 바란다.

안용근

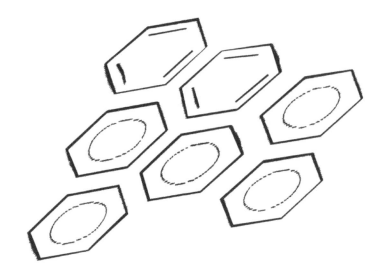

차례

1장 효소 없이 생명은 없다

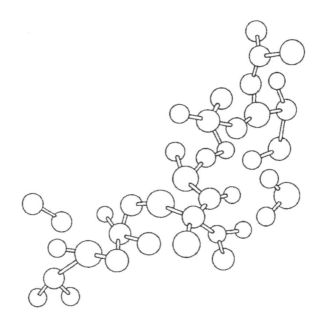

1. 효소 무리는 어디에 있는가?

나는 효소이다. 이름은 ……이다. 나를 비롯하여 내 동료에게는 각각 정식 이름이 있다.

그러나 여기서는 덮어놓자. 영어로 된 긴 이름을 외울 수 있을 것 같지도 않고, 나는 수많은 효소를 대표하는 입장에서 얘기하고 싶기 때문이다.

나는 야마다 하나코라는 부인의 몸속에 있다. 하나코 씨는 올해 마흔 살의 주부이다. 하나코 씨의 몸속에는 많은 우리 효소들이 열심히 일하고 있다. 하나코 씨가 살아 있는 것은 우리 덕분이다.

우리가 일을 멈추면 하나코 씨는 일분일초도 살 수 없다. 그러나 하나코 씨는 그런 것을 잘 모른다. 인간이란 은혜를 모르는 존재다. 기분 나쁜 소리겠지만 사실이다. 어제 하나코 씨는 밤늦게까지 술을 마셨다. 덕분에 간장에 있는 동료 효소는 밤새도록 일을 하는 바람에 녹초가 되었다.

하나코 씨가 '효소'라는 말을 외운 것은 아주 최근의 일이다. 하나코 씨는 세탁기에 넣는 세제를 가게에서 사왔다. 곁에 커다란 글씨로 '효소 첨가'라고 써 있었다.

"신제품 세제예요."

하나코 씨가 시어머니에게 설명했다.

"이런 걸로 때가 빠질까?"

시어머니는 미덥지 못하다는 듯이 말했다.

"타로(하나코 씨의 남편)의 와이셔츠 칼라에 때가 낀 채 그대로야. 옛날에는 비누칠해서 손으로 비벼 빨았기 때문에 깨끗했어."

시어머니는 손으로 빨지 않았기 때문 아니냐는 것이다.

하나코 씨는 화난 얼굴로 다시 말했다.

"이것은 신제품이에요. 어떤 때도 잘 빠진대요. 효소의 힘으로 깨끗하게 빠진다고 해요."

"아, 그래?"

시어머니는 더 이상 시끄러운 소리가 오가지 않게 입을 다문다. 점심때가 되어 하나코 씨와 시어머니는 밥을 먹게 되었다. 엊저녁 마신 술에 숙취도 없이 하나코 씨는 잘도 먹는다. 시어머니도 잘 먹는다. 두 사람 모두 두 공기를 비웠다.

차를 마시고 나서 시어머니는 영차 하면서 일어났다. 문 위 선반으로 가서 약을 꺼냈다.

"약을 안 먹으면 말야, 요즈음 배가 거북해 견딜 수가 없어."

"밥을 너무 먹기 때문이에요."

하나코 씨가 말했다. 시어머니는 못 들은 척한다.

"약을 먹어도 안 돼요. 절제하지 않으면……."

"이 약은 잘 들어. 잘은 몰라도 효소가 들어 있다더만."

다시 우리 이름이 나왔다.

이처럼 효소는 집에서도, 가게에서도 볼 수 있으며 텔레비전의 선전에도 등장한다. 하나코 씨도 시어머니도 효소라는 이름은 알고 있다. 그리고 무엇보다 도움이 되는 것이라는 것도 알고 있다(그림 1-1).

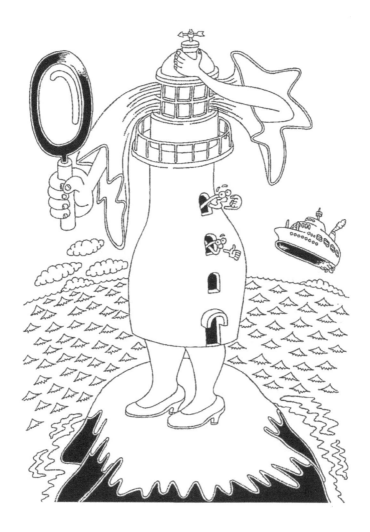

〈그림 1-1〉 등대 밑이 어둡다. 나는 여기 있다

그래도 정말로 우리가 어떤 것이고, 어떤 작용을 하는지는 알지 못하는 것 같다.

좋다. 그러면 효소가 얼마나 뛰어난 작용을 하는가 한번 설명하겠다. 특히 강조하고 싶은 것은 우리 효소는 세제나 약에 들어가서 인간에게 도움을 주고는 있으나 원래는 생물의 몸속에 있으면서 생명활동을 유지해 나가는 존재라는 점이다.

2. 위 속, 입속부터

먼저 식사 얘기부터 시작하자.

하나코 씨도 시어머니도 식욕이 왕성하다. 밥이나 야채를 한 입 가득 넣고 이로 씹는다. 씹는 일은 효소와 관계가 있다. 씹으면 음식물이 잘게 부수어져 침과 잘 섞이기 때문이다.

음식물은 입안에서 위, 그리고 장으로 보내지며 효소에 의해 소화된다. 효소는 음식물의 겉에 붙어서 음식물을 소화시킨다.

음식물이 작은 입자가 되면 표면적이 커져서 많은 효소가 한 번에 달라붙을 수 있다. 소화에 안성맞춤이 되는 것이다.

침을 섞는 것은 침의 점성으로 음식물을 위 속으로 잘 보내려 하기 때문이기도 하지만 미리 효소의 작용을 받도록 하기 위함이기도 하다.

침 속에는 'α-아밀라아제'라는 효소가 들어 있다. 밥이나 빵의 주성분인 녹말은 '글루코오스'라는 당이 많이 결합되어 만들어진 큰 분자이다. α-아밀라아제는 녹말을 분해하여 작은 당으로 만든다. 밥을 계속 씹고 있으면 단맛이 나는 것은 이 때문이다.

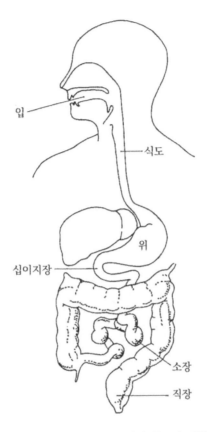

입

식도

위

십이지장

소장

직장

〈그림 1-2〉 아무리 먹어도 소화기관의 효소가 작용하지 않으면…

입안에서 씹혀 내려간 음식물은 위로 보내진다. 위 안에서 음식물은 1.5~4시간 정도 머문다.

음식물은 먼저 위액과 섞인다. 위액은 강한 산을 함유하고 있기 때문에 음식물 속에 섞여 있는 세균이나 기생충은 대부분 죽는다. 이 산은 '펩신'이라는 효소가 작용하는 데에도 필요하다.

펩신은 음식물 중의 단백질을 분해하는 효소(이들을 단백질

'가수분해효소'라 한다)로, 다른 효소와 달리 산성 조건에서 잘 작용한다. 위의 다음은 소장이다. 소장에 들어간 음식물은 췌액, 담즙과 섞인다. 그중에는 많은 양의 탄산수소나트륨이 들어 있어서 위액 때문에 산성이 되어 있던 음식 소화물은 중화되어 중성의 pH가 된다. 췌액 중에는 여러 종류의 효소 무리가 있다. 또 소장도 효소 무리를 함유한 소화액을 분비한다.

이들 효소의 작용으로 음식물 속의 탄수화물(녹말 등), 단백질, 지방 등은 분해되어 조각조각 난다.

탄수화물은 글루코오스 등의 작은 당으로, 단백질은 아미노산으로 분해되며 지방은 지방산이 끊겨 나온다. 그리고 이들 분해물은 소장 내벽에 있는 '돌기'라는 기관에서 흡수된다.

즉, 효소가 작용하지 않으면 음식물은 소화되지 않고 영양분이 되지 않는다(그림 1-2).

그러나 음식물의 소화는 효소가 하는 일 중의 극히 일부분에 지나지 않는다. 예로서 음식을 소화하여 얻은 영양물에서 살아가기 위해 필요한 에너지나 몸을 만드는 재료를 만드는 것도 효소의 일이다.

3. 세포에너지 공장의 일꾼

하나코 씨가 지갑 안을 살피고 있다. 남편 타로 씨의 월급날까지는 닷새나 남았다.

"대략 육성회비를 내고 신문값과 병원비를 내면…… 아, 모자라겠는데."

하나코 씨는 한숨을 쉬며 중얼거렸다.

"일해서 벌까? 시어머니에게 집안일을 부탁하고."

"특기도 없고, 나이 먹은 사람을 누가 써 줘."

시어머니가 하나코 씨의 혼잣말을 듣고 말꼬리를 잡는다.

"영어를 할 줄 알든가, 컴퓨터를 칠 줄 알든가, 그것도 아니라면 예쁘기라도 해야지."

시어머니는 속을 긁어 놓는다.

"아기 아빠가 출세하여 돈을 더 잘 벌어 오면 몰라도……, 어쩔 수 없죠 뭐."

하나코 씨가 남편 탓으로 돌리자 시어머니는 싫은 내색을 한다. 몇 살이 되든 어머니는 아들 탓하는 걸 싫어하는 것 같다.

어쨌든 인간 사회에서 돈은 무엇보다 중요한 것 같다. 돈이 없으면 아무 일도 못 한다. 돈을 중심으로 사회는 움직이고 있다. 생각해 보면 인간 사회의 돈에 해당되는 것이 몸속에도 있음을 알 수 있다. 그것이 'ATP'라는 물질이다.

손이나 발을 움직이고 생각하는 데도, 몸의 재료가 되는 물질을 만드는 데도 에너지가 필요하다. 몸속의 여러 활동에 필요한 에너지의 교환에 사용되는 것이 ATP이다.

몸속에서 ATP를 모으는 주요 수단은 두 가지로서 '해당계'라는 시스템과 'TCA 사이클'이라는 시스템이 있다. 양쪽 모두 기본적으로는 음식물에서 얻은 글루코오스를 처리하여 ATP를 만드는 것으로 물론 모두 우리 효소 무리의 작용에 의한다.

해당계는 글루코오스를 더 간단한 '락트산'이라는 물질로 바

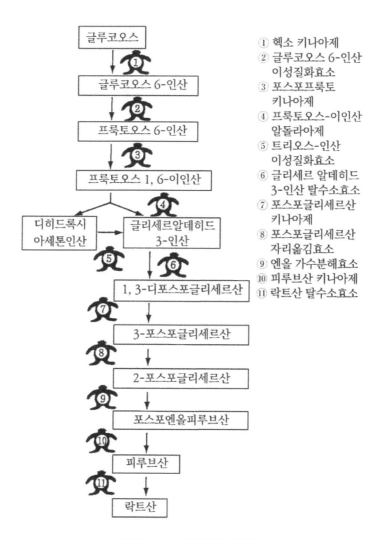

① 헥소 키나아제
② 글루코오스 6-인산
　이성질화효소
③ 포스포프룩토
　키나아제
④ 프룩토오스-이인산
　알돌라아제
⑤ 트리오스-인산
　이성질화효소
⑥ 글리세르 알데히드
　3-인산 탈수소효소
⑦ 포스포글리세르산
　키나아제
⑧ 포스포글리세르산
　자리옮김효소
⑨ 엔올 가수분해효소
⑩ 피루브산 키나아제
⑪ 락트산 탈수소효소

〈그림 1-3〉 해당계의 짜임새

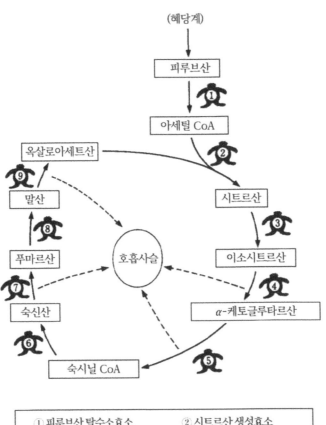

(혜당계)

피루브산

아세틸 CoA

옥살로아세트산

말산

푸마르산

숙신산

숙시닐 CoA

시트르산

이소시트르산

α-케토글루타르산

호흡사슬

① 피루브산 탈수소효소	② 시트르산 생성효소
③ 아코니트산 수화효소	④ 이소시트르산 탈수소효소
⑤ 옥소글루타르산 탈수소효소	⑥ 숙신산 CoA 연결효소
⑦ 숙신산 탈수소효소	⑧ 푸마르산 수화효소
⑨ 말산 탈수소효소	

〈그림 1-4〉 TCA 사이클

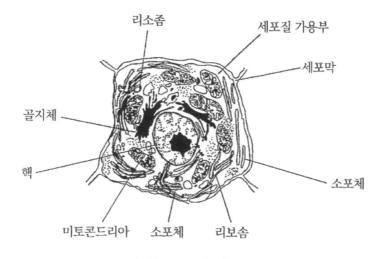

〈그림 1-5〉 세포의 구조

꾸는 시스템으로 이 과정에서 글루코오스 분자가 가진 에너지
를 이용하여 ATP를 생산한다. 여기에는 11종류의 효소가 관계
하여 글루코오스 분자 하나에서 ATP 두 개를 만들어 낸다. 해
당계에서는 글루코오스를 락트산으로 바꾸며, 락트산은 상당히
복잡한 분자로 분자 중에 에너지가 남아 있다(그림 1-3).

호흡으로 얻은 산소로 글루코오스를 완전히 연소하여 간단한
분자의 이산화탄소와 물로 바꾸면 상당히 큰 에너지가 생산된
다. 이를 위한 시스템이 TCA 사이클이고, 이와 연결되어 있는
'호흡 사슬'이라는 시스템과의 협동 작업으로 한 개의 글루코오
스 분자에서 36개의 ATP를 만들 수 있다. 그래서 계속 능률적
으로 ATP를 생산할 수 있다(그림 1-4).

그 대신 TCA 사이클과 호흡 사슬은 해당계보다 더 복잡하고
정교한 짜임새를 갖고 있다. 그것은 관계하고 있는 효소의 수

가 많기 때문만은 아니다. 각기 입체적으로 잘 배치되어 있기 때문이다.

즉, TCA 사이클과 호흡 사슬은 세포 중에 있는 미토콘드리 아라는 상자 속에 들어 있다.

미토콘드리아는 직경 1미크론(1미크론은 1,000분의 1밀리미 터), 길이 2미크론 정도의 크기로 간장 세포에는 1,000개 정도 존재하고 있다(그림 1-5).

미토콘드리아는 이중막으로 되어 있으며, 안쪽 막에는 많은 주름 구조가 있다. TCA 사이클과 호흡 사슬에 관여하는 효소 무리는 주름 위쪽이나 주름으로 싸인 공간에 배열하여 능률적 으로 작업을 하고 있다.

4. 근육을 움직인다

몸속의 화폐인 ATP를 만드는 것도 효소의 일이며, ATP를 사용하는 것도 효소의 일이다.

ATP를 사용하는 일에서 가장 먼저 눈에 띄는 것은 근육일 것이다. 근육은 몸속에서 움직이는 기관의 대표로, 움직인다는 것은 살아 있다는 증거이다.

손이나 발등의 근육을 잘 보면 굵기 0.1밀리미터 정도의 섬 유가 많이 모여 있다. 이 섬유는 한 개의 가늘고 긴 세포로, 그중에 '근원섬유'라는 섬유가 붙어 있다.

근원섬유는 근육을 수축하거나 이완하는 역할을 한다. 근원 섬유는 굵은 필라멘트와 가는 필라멘트로 되어 있다. 굵은 필

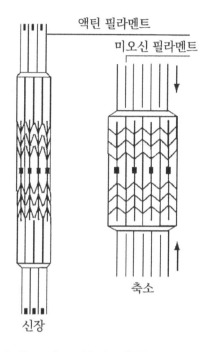

액틴 필라멘트

미오신 필라멘트

축소

신장

〈그림 1-6〉 근섬유가 수축하는 짜임새

라멘트는 '미오신'이라는 효소가 만들고 있다.

미오신은 ATP가 있으면 ATP를 분해함과 동시에 그 에너지를 이용하여 가는 필라멘트를 끌어당긴다. 그 결과, 가는 필라멘트는 굵은 필라멘트와 굵은 필라멘트 사이의 틈에 끼어들고 근육은 수축된다(그림 1-6).

손이나 발의 근육은 움직이고 싶을 때 움직일 수 있다. 뇌에서 내려온 명령이 신경을 거쳐 근육으로 전달되며, 여기서도 효소가 중요한 역할을 한다.

신경에서 근육으로 내려온 명령은 '아세틸콜린'이라는 물질이 신경의 말단에서 근육 세포로 방출되어 전달한다. 아세틸콜린이 근육 세포를 자극하여 수축을 일으킨다.

그 후에 일이 끝난 아세틸콜린은 바로 분해된다. 이를 분해하는 것이 아세틸콜린에스테르 가수분해효소라는 효소이다.

만약 이 효소가 작용하지 않으면 아세틸콜린이 계속 남기 때문에 다음 명령을 전할 수 없게 된다. 즉, 근육은 운동의 자유를 잃어 몸이 마비되고 만다. 이 얘기는 '8장-3. 효소와 독가스'에도 나온다.

5. 유전자의 열쇠를 파악

하나코 씨 일가는 4인 가족이다. 하나코 씨와 남편인 타로 씨, 아들 다이스케, 그리고 시어머니.

타로 씨와 타로 씨의 어머니는 매우 닮았다. 마르고 호리호리하고 얼굴도 가늘고 길다. 눈은 크고 얼굴색은 약간 검다. 한눈에 모자지간인 것을 알 수 있다.

한편 하나코 씨는 통통한 편이다. 희고 통통한 얼굴에 눈이 작다. 아들 다이스케는 어렸을 때는 하나코 씨를 닮아 귀여웠으나 크면서 아버지를 닮아가 귀여운 데가 없어졌다고 하나코 씨는 얘기한다.

"성격도 점차 아버지를 닮아 구질구질하게 되어 가고 있어. 싫어, 정말 싫어."

부모의 성격이 자식에게 전달되는 것은 유전이라는 현상이다. 눈, 귀와 같이 사소한 성질도 그렇지만 더 근본적인 것, 즉

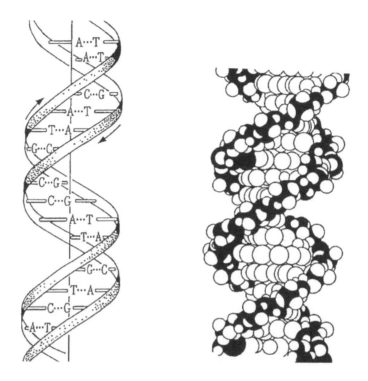

〈그림 1-7〉 DNA의 이중나선

인간에게서 인간이 태어나고 닭에게서는 닭이 생기는 것도 유전이다. 유전은 생물이 갖는 가장 중요한 특징이다.

유전 현상을 'DNA'라는 물질이 담당한다는 것은 잘 알려져 있다. DNA의 구조는 1953년 왓슨(J. D. Watson)과 크릭(F. H. C. Crick)이 「이중나선 모델」을 통해 밝혔고, 그 덕분에 그들은 1962년 노벨생리의학상을 받았다.

이중나선이란 사다리같이 두 가닥의 사슬이 짝을 이루고서 용수철처럼 꼬인 것으로, 한 가닥의 구조가 정해지면 나머지 한

26

쪽 가닥의 구조가 정해진다. 그래서 이중나선의 두 가닥 사슬이 풀려서 각기 주형(쇳물을 붓고 식혀서 형상을 만들어 내는 틀. 가마솥 등을 만든다)이 되어 새로운 짝의 사슬이 생기는 짜임새를 생각하면 DNA의 복제가 쉽게 이해될 수 있다. 즉, 부모와 똑같은 자식이 생겨나는 유전의 짜임새를 설명할 수 있다(그림 1-7).

그리고 이중나선의 발견 몇 년 뒤에 생물 세포 중에서 DNA가 실제로 그렇게 복제된다는 것이 밝혀졌다.

유전의 수수께끼가 분자 수준에서 해결되자 DNA의 인기가 매우 높아졌다. 그러나 우리 효소가 한마디 하고 싶은 것은 정말로 유전의 열쇠를 쥐고 있는 것은 DNA보다 우리 효소류라는 점이다. 왜냐하면 이중나선을 복제하는 일을 하는 것도 효소이기 때문이다.

DNA의 한 가닥 사슬을 바탕으로 이중나선의 DNA를 만드는 효소를 'DNA 지령 DNA 중합효소'라고 한다. DNA 지령 DNA 중합효소의 연구에 크게 공헌을 한 사람은 콘버그(A. Kornberg)로 1959년에 노벨생리의학상을 받았다.

유전자 DNA가 갖는 정보가 발현될 때에는 먼저 정보가 'RNA'라는 물질에 전사된다. DNA의 정보를 전사받아 RNA를 만드는 것도 매우 중요하며 이것도 우리 효소가 담당하고 있다.

RNA 합성에 관여하는 효소를 처음 발견한 것은 오초아(S. Ochoa)였다. 이 효소는 작은 분자에서 RNA와 닮은 큰 분자를 만들 수 있었기 때문에 처음에는 RNA 합성에 관여하는 것으로 생각하였다. 오초아는 1959년에 노벨생리의학상을 받았다.

그러나 이 효소가 DNA 정보를 전사하여 RNA를 합성하지는 않는다. 즉, 몸속의 RNA 합성의 주역은 아니다. 그러나 인공 RNA의 합성에 의한 유전 암호의 해독 등 분자생물학 발전에 크게 공헌을 하였다.

그 후 수년 뒤 RNA를 만드는 주역이 밝혀졌다. 세 사람의 학자가 각각 따로 'DNA 지령 RNA 중합효소(RNA polymerase)'라는 효소를 발견하였다. DNA를 주형으로 하여 그 정보를 전사하여 RNA를 만들 수 있는 효소이다. 그러나 이들 세 사람은 노벨상은 받지 못했다.

DNA에서 RNA로 전사된 정보에 따라 단백질이 만들어진다. 단백질은 생명 현상의 실제적인 담당자이다. 효소도 단백질이다. RNA의 정보를 바탕으로 단백질이 만들어지는 과정에서도 물론 효소가 대활약을 하고 있다.

유전자가 갖는 정보는 DNA→RNA→단백질로 전달되어 간다. 크릭은 이것과 반대인 순서는 없다고 말했다.

이 생각은 분자생물학의 중심 가설로서 분자생물학은 이 설을 따라 발전하여 왔다.

그러나 1970년, 이와 반대의 작용을 하는 효소가 발견되었다. 즉 RNA의 정보를 전사하여 DNA를 만드는 'RNA 지령 DNA 중합효소'이다. 이를 발견한 테민(H. M. Temin)과 볼티모어(D. Baltimore)는 1975년 노벨생리의학상을 받았다.

이 발견에는 당시 테민의 연구실에 있던 일본인 미즈다니 박사의 공헌도 컸으나 미즈다니 박사는 노벨상을 받지 못했다.

6. 자연환경을 지킨다

"요즈음 상당히 변했어."

저녁 식사 시간에 시어머니가 말했다.

"뭐가요?"

하나코 씨가 퉁명스럽게 대답했다. 자기 얘기를 또 끄집어내는구나 하고.

"계절 말이야. 살구꽃, 벚꽃도 이렇게 빨리 피어 버리고……."

"지구가 온난화되고 있대요. 이산화탄소가 늘어나고 있기 때문이라나요?"

다이스케가 끼어들었다.

"응, 그게 무슨 일인데?"

시어머니가 물었다.

"산림을 점점 훼손하고, 공장이 이산화탄소를 계속 내뿜기 때문이래요. 가까운 장래에 인류는 멸망한대요."

아들이 하고 싶은 대로 말한다.

"어쨌건 인류의 종말이 가까워졌다면 지금 실컷 놀고, 실컷 즐기는 것이 좋을 것 같은데. 공부 같은 것 해서 어디다 써먹어."

"야 이 녀석아. 그 따위 소리나 할래?"

하나코 씨가 다이스케를 야단쳤다.

인간 사회에서는 지금 지구의 환경 문제에 관심이 모아지고 있다. 그것은 좋은 일이다. 그러나 우리 효소가 지구상의 인간의 생존 환경을 만드는 데 공헌하고 있음도 잊어서는 안 된다.

이산화탄소의 증가가 문제가 되고 있지만 이산화탄소는 녹색 식물의 광합성 반응으로 점점 줄어든다.

광합성 반응이란 빛에너지를 이용하여 이산화탄소와 물에서 글루코오스 같은 복잡한 유기 화합물과 산소를 만드는 반응이다. 이 반응은 많은 효소 무리의 협동 작용으로 이루어진다. 그 짜임새는 먼저 언급한 TCA 사이클과 매우 비슷하다.

광합성으로 만들어진 글루코오스는 인간이 먹는 음식의 기본이 된다. 야채나 곡물은 물론 고기나 우유, 생선도 살펴보면 결국 광합성 작용의 산물이다. 또, 광합성으로 만들어지는 산소는 인간이나 동물의 호흡에 필수적이다.

지구상에서는 매년 광합성으로 1000억 톤의 이산화탄소가 소비되어 글루코오스로 변하고 있다고 한다.

녹색식물이 줄어들고, 인간이 만들어 내는 이산화탄소가 마구 증가하여 광합성과 균형이 맞지 않게 되면 당연히 무서운 일이 생기게 된다.

환경 보전에 대해서도 우리 효소는 큰 역할을 하고 있다. 그것은 '청소부' 역할이다. 동물의 사체, 낙엽, 죽은 나무는 놓아두면 자연히 썩어 없어져 흙이 되는 것으로 보인다.

이것은 쪽팡이(박테리아)나 곰팡이에 의해 분해되기 때문이다. 사실은 쪽팡이와 곰팡이가 만들어 내는 것은 우리 효소의 작용에 의해서이다. 쓰레기가 분해되는 것도 물론 효소의 작용이다(그림 1-8).

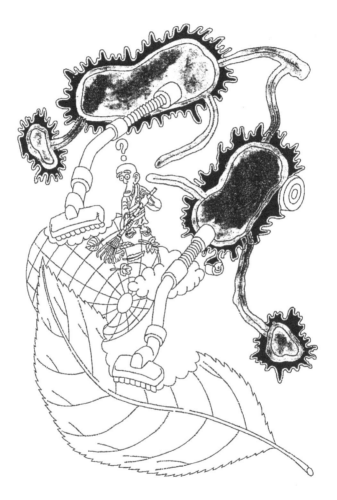

〈그림 1-8〉 효소는 지구의 자연환경을 지키는 일꾼이다

　만약 효소의 작용이 없으면 지구는 동물 사체, 쓰레기, 낙엽 등으로 덮여 버리고 만다. 그 좋은 예로 인간이 만든 플라스틱은 효소의 작용을 받지 않는다. 그래서 버려도 썩지 않고 여기저기 남아 뒹굴고 있다.

　지금 인간은 플라스틱 쓰레기의 처리에 골머리를 앓고 있다. 효소가 분해할 수 있는 플라스틱이 개발되면 좋겠지만.

2장 효소의 신비한 초능력

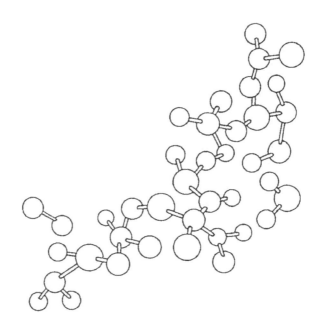

1. 몸속의 화학 반응

"엄마, 바지에 구멍이 났어요."

다이스케가 학교에서 돌아오자마자 하는 얘기다.

"뭐? 산 지 얼마나 됐다고."

하나코 씨는 화가 났다.

"심하게 장난치고 함부로 뛰어놀았지?"

"아니에요, 화학 실험 때문이에요."

"뭘 했는데?"

"시약을 엎었어요."

"칠칠맞기는."

"P라는 녀석이 밀었기 때문이에요."

"그렇지, 역시 장난이지. 화학 실험은 위험하니까 주의하지 않으면……."

사람들은 화학 실험이 위험하다고 생각한다. 사실 황산, 수산화나트륨 같은 극약이나 알코올, 에테르같이 타기 쉬운 약품을 많이 사용한다. 버너 등의 불도 사용한다. 화학 반응으로 위험한 가스가 발생하는 일도 있고 폭발하는 일도 있다.

그러나 조용하고 안전하게 진행되는 화학 반응도 있다. 인간을 비롯한 생물 몸속에서 일어나는 화학 반응이 그렇다.

그리고 매우 중요한 것은 효소는 생물의 몸속에서 일어나는 화학 반응의 촉매라는 점이다.

그러면 촉매란 무엇인가? 촉매란 자기 자신은 아무런 변화도 받지 않으면서 화학 반응의 속도를 빠르게 하는 물질이다. '1

2장 효소의 신비한 초능력 35

장-2. 위 속, 입속부터'에서 언급한 음식의 소화를 예로 들자면 펩신은 단백질을, α-아밀라아제는 녹말을 가수분해하는 화학 반응을 촉매하는 효소이다.

생물의 몸속에는 이외에도 무수한 화학 반응이 일어나고 있다. 에너지를 만들어 내는 것도, 근육을 움직이는 것도, 성장하거나 신진대사를 하는 것도 모두 화학 반응이다. 그리고 효소가 촉매의 역할로서 이들 반응을 진행시키고 있다.

생물 몸속의 화학 반응이 화학 공장이나 실험실의 화학 반응과 다른 점을 살펴보자.

먼저 온도와 압력. 화학 실험실이나 공장에서는 버너나 히터로 플라스크나 반응 탱크를 가열하는 일이 많다. 화학 공장에서는 높은 압력을 가하는 일도 많다. 온도가 높아지거나 압력이 높아지면 일반적으로 화학 반응은 빨리 진행되기 때문이다.

그러나 생물의 몸속에는 히터도 없고 버너도 없다. 화학 반응은 37℃나 그 이하의 온도에서 이루어진다. 압력도 1기압 즉, 대기압이다.

다음은 pH. pH는 수소이온 농도를 나타내는 지표다. 순수한 물의 pH는 7이다. 즉, 중성이다. pH가 7보다 높으면 알칼리성, 7보다 낮으면 산성이다.

생물의 몸은 특별한 경우를 제외하고 보통 pH7 부근으로 유지되고 있다(위 속의 염산은 예외다. '1장-2. 위 속, 입속부터'에서 산성이어야 하는 이유를 제시하고 있다). 즉, 생물 몸속의 화학 반응은 대부분 7부근의 pH에서 진행된다.

한편, 화학 실험실이나 공장에서는 강산이나 강알칼리를 사용하여 반응을 진행시키는 일이 많다. 생물 몸속에서는 이런

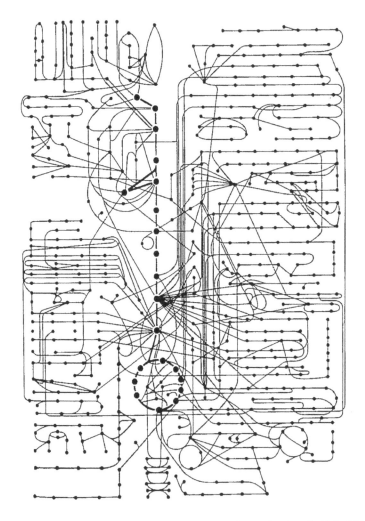

〈그림 2-1〉 생물체 내의 대사 지도. 점은 물질을, 선은 효소에 의한 반응을
나타낸다(Alberts 등, 「Molecular Biology of the Cell」에서)

극약을 사용하지 않는데도 화학 반응이 진행되고 있다.

또 생물 몸속의 화학 반응은 대부분 물속에서 일어나는 것이 특징이다. 이들 화학 반응은 탄소 화합물, 즉 유기 화합물의 반응이다. 가수분해 반응은 그렇다 하더라도 일반적으로 유기 화합물은 물속에서는 반응하기 힘든 경우가 많다.

화학자는 일부러 물을 제거한 에테르 등의 유기용매 중에서 반응을 시킨다. 그러나 인간을 비롯한 생물체 몸의 약 2/3는 물이며 화학 반응도 물속에서 일어난다.

나아가 생물체에는 수천 종 이상의 화학 반응이 동시에 질서 정연하게 일어나고 있다.

생명의 기본 단위는 세포이다. 인간의 몸은 약 60조 개의 세포로 되어 있으며 한 세포의 크기는 지름 0.01㎜ 정도이다. 이 작은 세포 중에서 많은 화학 반응이 정확하게 진행된다.

〈그림 2-1〉을 보기 바란다. 생물의 몸속에서 일어나는 물질 변화의 흐름을 나타낸 것으로 하나하나의 선이 화학 반응을 나타낸다. 마치 큰 도시의 철도망 같다. 한가운데의 굵고 둥근 선이 TCA 사이클이다. 둥근 선에 연결된 굵은 선이 해당계이다.

이렇게 많은 화학 반응을 동시에 한 개의 플라스크 안에서 진행시키는 것은 화학자로서는 불가능하다.

다시 말하자면 상온 상압하에, pH7 부근의 물속에서 다수의 화학 반응을 동시에 진행시키는 것은 매우 어려운 일이다. 그러나 생물체에서는 다 그렇게 진행되고 있다.

이것은 특별한 촉매, 즉 효소 때문에 가능하다. 효소 없이 생명은 존재할 수 없다.

2. 누가 효소를 발견하였는가?

나의 존재를 인간이 알아차리기 시작한 것은 18세기 중반경
이었다. 프랑스의 레오므르(R. Reaumer)는 작은 구멍을 낸 금
속관 속에 고기 조각을 넣어 매에게 먹이고 한참 있다가 토하
게 하고 나서 속의 고기가 녹아 있는 것을 관찰하였다.

18세기 말경 이탈리아의 박물학자인 스팔란차니(L. Spallan-
zani)는 동물 위에서 꺼낸 위액을 고기에 뿌려 고기가 녹는 것
을 확인하였다. 위액 안에 고기를 녹이는 무언가가 존재한다는
것을 안 것이다. 19세기가 되어 독일의 해부학자인 슈반(T.
Schwann)은 고기를 녹이는 작용을 하는 위액 속의 효소를 발
견하여 '펩신'이라는 이름을 붙였다.

한편, 슈반보다 이르게 프랑스의 페이언과 페르소(A. Payen
and J. Persoz)는 맥아에서 녹말을 당화하는 힘을 가진 물질
을 꺼내어 '디아스타아제'라는 이름을 붙였다. 뒤에 파스퇴르(L.
Pasteur)는 효소 전체를 디아스타아제라고 하고, 녹말을 가수분
해하는 효소를 '아밀라아제'로 하자고 제창하였기 때문에 프랑
스에서는 오랫동안 효소를 디아스타아제라고 하였다.

현재의 '효소(enzyme)'는 1878년 퀴네(Kuhne)가 제창한 것
으로 '뜸팡이 속에 있는(en=속에 있는, zyme=효모)'이라는 의
미의 그리스어를 기반으로 하고 있다.

뜸팡이는 글루코오스로부터 알코올을 만들 수 있다. 즉 알코
올 발효이다. 고기의 소화나 녹말의 분해와 달리 알코올 발효
반응은 훨씬 복잡하다.

논쟁은 끝났다. 독일의 화학자 리비히(J. F. von Liebig)는 발

효는 뜸팡이의 표면에서 촉매가 일으킨다고 하는 설을 제창하였다.

즉 생명체가 아니고 특정 물질의 작용에 의한 것이라는 생각이다. 그에 대해 프랑스의 파스퇴르는 발효에는 살아 있는 뜸팡이가 필요하며 발효와 생명력은 불가분의 관계가 있다고 주장하였다. 뜸팡이가 들어가지 않도록 한 목이 긴 플라스크를 사용하여, 발효에는 살아 있는 뜸팡이가 필요하다는 것을 증명한 실험은 유명하다.

이 논쟁에 종지부를 찍은 것은 독일의 부흐너(E. Buchner)이다. 리비히와 파스퇴르가 죽은 후 부흐너는 살아 있는 뜸팡이 대신 뜸팡이를 갈아 만든 액을 사용하여도 알코올 발효가 일어나는 것을 증명하였다.

즉, 생명력이나 세포의 구조와는 관계없이 효소가 작용하는 것을 증명한 것이다. 즉, 효소는 생명체에서 벗어나 혼자서 돌아다닐 수 있음을 알아낸 것이다. 1897년의 일이다.

부흐너는 1907년 노벨화학상을 받았다. 노벨상은 1901년에 처음 수여되었기 때문에 7회째가 된다.

덧붙이자면 알코올 발효는 12종류의 효소 무리의 협동으로 일어난다. 그중 10가지는 〈그림 1-3〉의 해당계 효소와 같다.

인간은 촉매 작용을 갖는 효소의 존재를 알게 되었으나 정체는 도대체 무엇인가, 즉 어떤 물질로 되어 있는가를 처음에는 몰랐다.

1926년, 미국의 섬너(J. B. Sumner)는 작두콩에서 '우레아 가수분해효소'라는 효소를 결정으로 정제하여 단백질이라는 것을 밝혔다.

섬너의 결과는 바로 받아들여지지 않았으나 이어서 노드롭(J.

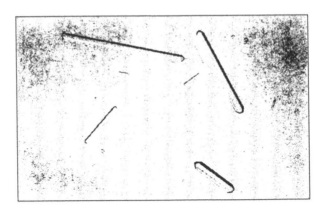

〈그림 2-2〉 돼지 췌장의 α-아밀라아제 결정

H. Northrop)이 위의 '펩신'과 췌장의 단백질 가수분해효소인 '트립신' 및 '키모트립신'을 단백질 결정으로 정제하였다.

1930년 이후에 효소의 본체는 단백질로 널리 인정받아 섬너와 노드롭은 1946년에 노벨화학상을 받았다.

즉, 효소는 단백질의 일종이다. 앞에서(1장-5. 유전자의 열쇠를 파악) 단백질이 생명 현상의 실제 담당자라고 하였으며, 단백질의 가장 중요한 멤버는 우리 효소이다.

오늘날에는 많은 효소 무리가 결정으로 얻어져 있다. 그중하나가 〈그림 2-2〉이다.

3. 효소 이름과 번호

"에이, 화나. 오늘 전학 온 애가 있는데 야마다라고 해요. 이렇게 되면 벌써 우리 반에는 야마다가 세 명이야. 어째서 나는 이렇게 흔한 성씨 집

안에 태어난 걸까?"

학교에서 돌아온 다이스케가 불평을 늘어놓는다.

"쓰기 쉽고, 좋은 이름이잖니."

할머니가 대답한다.

"나도 먼저 병원에서 야마다 하나코라고 불러서 창구로 뛰어갔더니 다른 야마다 하나코를 부른 것이었어. 동성동명이었어. 잘못하면 다른 사람 약을 타 갖고 올 뻔했잖아."

하나코 씨가 말했다. 그리고

"우리가 어렸을 때는 좋았지. 같은 성씨의 사람과 만난 일이 없으니까."

약간 자랑이 섞인 투다. 시어머니는 싫은 내색을 한다.

"어머니의 원래 성은 뭐예요?"(일본에서는 여자가 시집가면 남편의 성으로 바뀐다)

다이스케가 물었다.

"오니마루다."

"귀신이라고요? 어쩐지 무섭더라니."

"까부는 것 좀 봐."

인간과 같이 우리에게도 각기 이름이 있다. 역사적으로는 여러 가지 혼란이 있었지만 오늘날에는 국제생화학연합에 효소명 명위원회가 있어서 정리하고 있다.

이름은 원칙적으로 해당 효소가 촉매하는 화학 반응을 따른다.

이름은 두 종류가 있어서 반응의 종류를 정확하게 나타내는 '계통명'과 일상적으로 사용하기 위해 간략화한 '상용명'이 있다. 여기에 다시 번호가 붙는다.

영광의 첫 번째 1번은 상용명 '알코올 탈수소효소(alcohol dehydrogenase)'라는 효소이다. 정확하게는 번호 1.1.1.1로 1이 네 개 붙는다.

알코올 탈수소효소는 알코올을 알데히드로 변화시킨다. 그때, 알코올에서 수소 원자를 두 개 취하지만 계속 갖고 있는 것은 아니다. 수소 원자를 돕는 상대가 있다.

그 역할을 하는 것은 'NAD'라는 화합물로 효소의 보조자이다. 알코올 탈수소효소는 사람이 술을 마셨을 때 활약한다.

수소를 취하는(탈수소) 반응은 영어로 dehydrogenation이라고 한다. alcohol dehydrogenase라는 이름은 여기에서 온 것이다. 이것은 상용명이지만 계통명은 수소 원자를 전하는 상대까지 정확하게 하기 때문에 'alcohol: NAD+oxidoreductase'라는 긴 이름이 된다.

산화환원효소는 수소 원자를 주고받는 효소라는 의미를 지닌다. 촉매하는 반응의 종류를 정확하게 나타내고 있지만 번잡하므로 여기서는 상용명을 사용한다.

상용명은 'alcohol dehydrogenase'와 같이 촉매로서 작용하는 반응의 어미에 'ase'를 붙인 형태가 대부분이다. 그러나 단백질 가수분해효소인 트립신(trypsin), 펩신(pepsin) 등 몇몇 효소는 '-in'으로 끝난다. 역사적으로 정해진 이름이기 때문이다.

쪽팡이의 세포벽을 분해하는 효소는 라이소자임(lysozyme)이라 한다. 기묘한 것은 티오황산염 황전달효소(rhodanese)인데 'ase'가 아니고 '-ese'로 끝나고 있다.

물론 '-ase'가 붙어 있다고 모두 효소는 아니다. Disease

(병), phase(상), murder case(살인 사건), kiss me please (키스해 줘요) 등은 효소가 아니다. kannekase라는 것도 있으나 이것은 그리스어로 '돈 빌리기'다. '-ase'를 '-아제'로 읽는 것은 독일식 발음이다. 명치 시대의 일본은 독일의 과학을 주로 받아들였기 때문에 독일어식으로 읽게 되었다. 그러나 제2차 세계대전 이후 미국의 힘이 팽창해 과학 분야에서도 영어가 널리 쓰이게 되었다.

영어로 읽으면 'ase'는 '-에이스'가 된다. 'dehydrogenase'는 디하이드로지네이스, 'lysozyme'은 라이소자임, 'lipase'는 라이페이스로 읽게 된다.

현재 학회에서 독일어식으로 읽는 사람과 영어식으로 읽는 사람의 세력은 반반이다. 문장은 독일어식으로 쓰고, 말은 영어식으로 하는 사람이 많다. 재미있는 이중 구조의 문화이다.

한국에는 대한화학회에서 간행한 화학 술어집에 한국어 효소 명명법이 제시되어 있다. 역시 독일어식 발음 체계를 따르고 있다. 그러나 일부 사람들은 영어식 발음에 맞지 않는다고 해서 따로 영어식으로 발음하고 있는 사람이 있는데 이는 잘못이다. 그것은 서로의 약속이기 때문이고, 여기는 미국 본토가 아니기 때문이다.

4. 효소의 초능력

하나코 씨 가족은 저녁을 먹고 텔레비전을 보고 있다. 오늘도 타로 씨는 늦을 것 같다. 저녁은 셋이서 들었다.

텔레비전에서는 저녁 야구 게임을 중계방송하고 있다. 다이스케는 열광적인 D팀 팬이다. 할머니도 야구를 아주 좋아하여 옛날부터 G팀을 응원해 왔다. 그러나 하나코 씨는 야구에는 별로 관심이 없다. 다른 프로를 보고 싶어 안절부절못한다.

오늘은 G팀과 D팀의 대결이어서 다이스케와 할머니는 텔레비전 화면을 뚫어져라 쳐다보고 있다. D팀은 올해 대단한 투수가 새로 입단했다. 시속 150㎞를 넘는 강속구를 던져 G팀의 강타자를 삼진에 묶어 놓고 있었다. 다이스케는 신났다.

"대단한 투수구나. 직구로만 던지고 살짝 던지는 일은 없어요. 역시 투수는 스피드야."

다이스케가 감탄해서 말한다.

그 회가 끝나고 D팀의 공격. G팀의 투수는 15년 경력의 베테랑이다. 스피드는 없으나 제구력이 매우 뛰어나다. 코너를 교묘히 따라간다. D팀의 타자는 땅볼을 때리고 만다.

"투수는 역시 제구력이야."

할머니가 지지 않고 말한다.

"이 사람도 잘하지만 예전에 G팀에는 대단한 투수가 여러 명 있었어."

할머니는 옛날 얘기를 시작했다.

"할머니는 야구를 잘 아시네요."

다이스케가 말했다.

"엄마는 야구를 전혀 모르지만."

두 사람의 대화에 끼지 않고 하찮은 얘기로 무시하고 있던

〈그림 2-3〉 효소는 스피드(화학 반응 속도)와 조절(기질 특이성) 기능을
갖춘 슈퍼스타

하나코 씨가 소리를 질렀다.

"다이스케, 공부는 안 하고 계속 텔레비전 볼래? 들어가서 공부해."

"예-."

다이스케는 싫지만 억지로 일어나 자기 방으로 간다. 불쌍하게도.

야구 투수에게 중요한 것은 스피드 조절이다. 촉매도 마찬가지로 스피드 조절이 중요하다. 그리고 우리는 이 점에서 자신이 있다(그림 2-3).

먼저, 우리의 스피드다. 화학 반응을 어느 정도 빠르게 할 수 있는가는 효소에 따라 다르지만 10^7배에서 10^{20}배까지다.

10^7배란 1,000만 배를 말한다. 그대로는 1,000만 시간—약 1,000년 걸릴 반응을 효소의 힘으로 한 시간에 이루어 낸다는 얘기다. 10^{20}배란 우리 효소 없이는 10^{20}시간 걸리는 화학 반응을 효소는 한 시간에 이루어 낸다는 얘기다. 10^{20}시간이란 약 10^{16}년이다. 10^{16}년이란 1억 년의 1억 배이다. 이 우주가 탄생하고서 이제 겨우 100억 년(10^8년)밖에 지나지 않았으므로 결국 우리 효소 없이는 반응이 절대 일어나지 않는다고 보아야 한다.

약간 다른 각도에서 효소의 스피드를 생각하여 보자. 카탈라아제라는 효소가 있다. 이것은 과산화수소를 분해하여 물과 산소로 일어나는 반응을 촉매하는 효소다. 과산화수소는 몸에 해로운 독이므로 카탈라아제는 몸을 보호하는 작용을 하고 있다. 카탈라아제 한 분자는 1초에 9만 개의 과산화수소 분자를 분해한다.

우리 효소 무리에는 더 굉장한 것이 있다. 예로서 탄산 탈수소효소다. 이것은 이산화탄소와 물을 반응시켜서 탄산수소이온을 만든다. 몸의 여러 조직에서 생긴 이산화탄소는 혈액 속으로 배설되며 적혈구 속의 탄산 탈수소효소의 작용으로 바로 탄산수소이온으로 변한다. 탄산수소이온 쪽이 이산화탄소보다 물에 잘 녹기 때문에 정맥을 통해 폐로 운반하는 데 편리하다. 탄산 탈수소효소 한 분자는 1초에 60만 개의 이산화탄소 분자를 물 분자와 반응시킨다.

속도가 빠르다고 좋은 것만은 아니다. 예를 들면 DNA의 이중나선을 만드는 DNA 지령 DNA 중합효소('1장-5. 유전자의 열쇠를 파악' 참조) 한 분자는 1초에 15회의 화학 반응을 일으킨다. 이중나선을 틀리지 않게 만드는 것이 매우 중요한 일이므로 간단한 반응을 담당한 효소보다 속도가 떨어져도 어쩔 수 없다.

사실, 우리 효소가 촉매로서 가장 자랑할 수 있는 것은 스피드가 아니고 정해진 물질에 정해진 반응을 틀림없이 수행하는 능력이다. 밥의 주성분인 녹말을 분해하여 글루코오스를 만드는 반응을 생각하여 보자. 녹말은 글루코오스가 다수 결합한 거대한 분자로 다당의 하나다('9장-3. 효소와 감미료' 참조). 이를 화학적인 방법으로 분해하는 것은 물론 가능하다. 녹말에 황산과 같은 강한 산을 가해 가열하면 될 것이다. 한편, 몸속에서는 α-아밀라아제라는 효소가 녹말을 분해한다('1장 2. 위속, 입 속부터' 참조).

황산과 α-아밀라아제를 비교해 보자. 황산은 무차별적으로 여러 물질을 공격한다.

예로서 식물 섬유의 주성분은 '셀룰로오스'라는 다당으로 황산과 가열하면 분해된다. 곤약의 주성분인 만난도 다당이지만 역시 황산과 가열하면 분해된다. 아니, 다당류뿐만 아니라 단백질이나 RNA, DNA같이 구조가 전혀 다른 생체 거대 분자도 황산과 가열하면 분해되고 만다.

그러나 우리 효소 무리의 하나인 α-아밀라아제는 그렇지 않다. 37℃라는 온화한 조건에서 녹말만을 분해한다. 셀룰로오스나 곤약의 만난은 절대 분해하지 않는다(그래서 셀룰로오스나 만난은 먹어도 영양이 되지 않는다).

물론 단백질이나 DNA에는 전혀 작용하지 않는다. 소화액이 만약 끓는 황산과 같이 아무것이나 무차별적으로 공격하면 내장이 녹아 버려 살 수 없다(위는 소화효소에 의해 소화되지 않도록 교묘한 장치를 가지고 있다. 이에 대해서는 '6장-3. 효소와 위'에서 언급한다).

우리 효소는 각기 특정의 물질을 선택하여 그 물질에만 작용한다. 이 성질을 효소의 '기질 특이성'이라고 한다.

'기질'이란 효소의 작용을 받아 화학 반응을 일으키는 물질을 말한다. α-아밀라아제의 경우 기질은 녹말이며, 알코올 탈수소효소의 기질은 알코올이다. 효소와 기질의 관계는 '열쇠와 자물쇠'의 관계로 비유된다. 여기에 대해서는 '3장-4. 갈라진 틈에서 무슨 일이 일어날까'에서 다시 살펴보도록 하자.

효소는 반응의 양식에 대해서도 '특이성'을 갖는다. 어느 정해진 반응의 양식에만 촉매로서 작용한다. 예를 들자면 알코올 탈수소효소의 경우는 수소를 주고받는 반응(산화환원반응), α-

아밀라아제는 가수분해라는 양식의 화학 반응에 촉매 역할을 한다.

그러므로 작은 세포 중에서 수백 가지 화학 반응이 질서 정연하고 정확하게 진행되고 있는 것의 비밀은 우리 효소의 기질 및 반응 형식에 대한 특이성에 있다.

우리 효소 무리는 각기 정해진 기질의 정해진 반응에만 촉매 작용을 한다. 거꾸로 말하자면 다수의 화학 반응을 일으키기 위해서는 그 수만큼의 효소가 필요하다는 말이 된다.

실제, 대장균같이 간단한 생물의 몸에도 수천 종의 효소 무리가 있다. 물론 인간의 몸에는 훨씬 더 많은 숫자의 효소가 작용하고 있다.

3장 효소 몸의 비밀

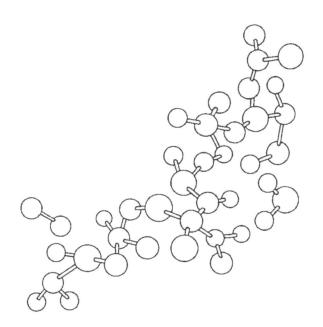

1. 나는 거대 분자

"방 정리는 하나도 안 한다니까."

하나코 씨가 툴툴거리며 다이스케의 방에서 나왔다. 오른손에는 더러워진 바지를 들고 왼손에는 여러 권의 잡지를 들고있다. 빨랫감을 세탁기에 넣고 나서 하나코 씨는 방에서 '압수한' 잡지를 살펴봤다. 만화 잡지에 젊은 남성용 잡지도 있다.

"아유, 정나미 떨어져."

하나코 씨는 눈살을 찌푸렸다. '여성 몸의 비밀을 모두 가르쳐 드립니다!'라는 특집 기사가 있었기 때문이다. 책을 다 잡아찢은 뒤에,

"그 녀석도 이런 데 흥미를 가질 나이가 됐구나."

하고 하나코 씨는 감개가 섞인 듯이 중얼거렸다.

자, 독자 여러분! 우리의 뛰어난 능력은 잘 알았으리라고 생각한다. 우리가 어떻게 하여 이런 초능력을 갖게 되었는가 신비하게 생각되지 않는가?

물론 우리 초능력의 비밀은 우리 몸에 있다.

그럼 우리 몸의 비밀을 얘기하겠다.

먼저 몸 사이즈이다.

물질의 가장 작은 구성 단위는 분자이다. 우리 효소도 물질이기 때문에 가장 작은 단위는 분자이다. 분자의 크기는 분자량으로 구분한다.

3장 효소 몸의 비밀 53

가장 작은 수소 분자의 분자량은 2이다. 물은 18, 산소는 32, 이산화탄소는 44, 에탄올은 46이다. 나프탈렌은 128, 설탕은 342…… 한이 없다. 효소 무리의 분자량은 이들 화합물에 비해 훨씬 크다. 우리 동료 중에서 가장 작은 부류에 속하는 리보핵산 가수분해효소의 분자량은 12,600, 라이소자임은 13,900으로 1만 이상이다.

중간 정도는 수만에서 수십만의 분자량을 가진다. α-아밀라아제는 약 5만, 알코올 탈수소효소는 8만 정도이다.

훨씬 큰 것도 있어서 글리코겐 가인산분해효소의 분자량은 37만, 글루탐산-암모니아연결효소의 분자량은 59만이나 된다. '피루브산 탈수소효소 복합체'라는 것은 무려 700만이나 된다. 이것은 다수의 효소가 모여 만들어진 복합체이다.

즉, 우리는 거대 분자이다. '거대'라고 해도 시각을 달리하면 아주 작은 것에 지나지 않는다. 보통 크기의 우리 효소 무리는 직경 5~20나노미터(10^{-9}m) 정도의 둥근 모양을 하고 있다. 1나노미터는 1밀리미터의 백만 분의 1의 길이이다. 물론 보통 현미경으로 분자를 볼 수 없다.

그러나 효소 중에서도 큰 것은 전자현미경으로 분자의 모습을 직접 볼 수도 있다. 많은 경우 전체로서는 구형이지만 몇 개의 작은 단위가 모여서 된 것도 있다. 그 모습을 볼 수도 있다.

덧붙여 말하자면 대장균 세포는 지름이 2,000나노미터 정도이고, 간장 세포는 20,000나노미터 정도, 간장 속의 미토콘드리아는 2,000나노미터 정도이다.

2. 효소의 본체는 단백질

효소는 거대 분자로서 화학적인 본체는 단백질이다. '단백질'이라는 이름은 여러분도 알고 있으리라 생각하지만 화학적으로 어떤 구조를 갖고 있는지 아는가?

단백질이란 아미노산이 사슬처럼 많이 연결되어 이루어진 중합체이다.

아미노산의 분자량은 평균 100 정도이므로 분자량 1만 정도의 단백질은 100개, 분자량 10만인 것은 약 1,000개, 분자량 100만인 것은 약 1만 개의 아미노산으로 되어 있다.

원래 단백질은 반드시 한 가닥 아미노산 사슬만으로 되어 있는 것은 아니고 여러 가닥으로 된 것도 있다. 분자량이 큰 것은 여러 가닥으로 된 것이 많다.

예로서 앞서 말한 글리코겐 가인산분해효소는 4가닥, 글루탐산-암모니아연결효소는 12가닥의 사슬로 되어 있다. 피루브산탈수소효소 복합체는 무려 160가닥으로 되어 있다. 그러나 이들 가닥들은 서로 엉켜 있는 것이 아니고 각기 다른 덩어리를 형성하여 덩어리끼리 결합되어 있다.

단백질 사슬을 형성하고 있는 아미노산은 20종이다. 이 20종의 아미노산이 정해진 순서로 결합하여 긴 사슬을 형성한다.

아미노산이 결합한 순서를 '아미노산 배열 순서'라 한다. 종이에 아미노산 배열 순서를 쓸 때는 각 아미노산을 약자로 쓴다. 이에 대해 더 자세히 알고 싶으면 전파과학사 블루백스 시리즈의 『단백질이란 무엇인가』를 참고하기 바란다.

아미노산 배열 순서를 조사한다

20종류나 되는 아미노산 중 어떤 아미노산이 어떤 순서로 연결되어 있는가—단백질의 아미노산 배열 순서—를 조사하는 것은 힘든 일이다.

1955년 영국의 생거(F. Sanger)는 인슐린의 아미노산 배열을 분석하여 처음으로 단백질의 아미노산 배열을 결정하였다. 인슐린은 호르몬이지 효소는 아니다.

효소 무리 중에서는 RNA를 가수분해하는 리보핵산 가수분해효소의 아미노산 배열이 가장 먼저 결정되었다. 이것은 미국의 스타인(W. H. Stein)과 무어(S. Moore)가 발표하였다. 이 덕분에 생거는 1958년에, 스타인과 무어는 1972년에 노벨화학상을 받았다. 그 후 많은 효소의 아미노산 배열 순서가 정해졌다.

〈그림 3-1〉의 위는 돼지 췌장 α-아밀라아제의 아미노산 배열 순서를 나타낸 것이다. α-아밀라아제는 녹말을 가수분해하는 효소이다. α-아밀라아제는 인간을 비롯한 동물의 타액이나 췌장에 들어 있다. 또 식물이나 미생물에도 있다.

여러 α-아밀라아제의 아미노산 배열 순서를 비교하면 재미있는 것을 알 수 있다. 쥐와 돼지의 췌장 α-아밀라아제는 서로 약간 다르다. 쥐와 생쥐도 약간 다르다. 같은 생쥐라도 타액과 췌액은 약간 다르다.

〈표 3-1〉의 Ⓐ를 보면 알 수 있듯이 끝에서부터 49~52번째의 아미노산 배열을 보면 아미노산 배열이 서로 약간씩 다른 것을 알 수 있다. 한편, 〈표 3-1〉의 Ⓑ의 298~301번째의 아미노산 배열은 NHDN으로 모두 같은 것을 알 수 있다.

즉 49~52번째 부분은 그다지 중요하지 않아서 아미노산이

QYAPQTQSGRTDIVHLFEWRWVDIALECER^{30}

YLGPKGFGGVQVSPPNENVVVTNPSRPWWE^{60}

RYQPVSYKLCTRSGNENEFRDMVTRCNNVG^{90}

VRIYVDAVINHMCGSGAAAGTGTTCGSYCN^{120}

PGNREFPAVPYSAWDFNDGKCKTASGGIES^{150}

YNDPYQVRDCQLVGLLDLALEKDYVRSMIA^{180}

DYLNKLIDIGVAGFRLDASKHMWPGDIKAV^{210}

LDKLHNLNTNWFPAGSRPFIFQEVIDLGGE^{240}

AIKSGEYFSNGRVTEFKYGAKLGTVVRKWS^{270}

GEKMSYLKNWGEGWGFMPSDRALVFVDNHD^{300}

NQRGHGAGGSSILTFWDAYRKLVAVGFMLA^{330}

HPYGFTRVMSSYRWARNFVNGEDVNDWIGP^{360}

PNNNGVIKEVTINADTTCGNDWVCEHRWRE^{390}

IRNMVWFRNVVDGEPFANWWDNGSNQVAFG^{420}

RGNRGFIVFNNDDWQLSSTLQTGLPAGTYC^{450}

DVISGDKVGNSCTGIKVYVSSDGKAQFSIS^{480}

NSAEDPFIAIHAESKL

A 알라닌	H 히스티딘	P 프롤린	W 트립토판
C 시스테인	I 이소루신	Q 글루타민	Y 티로신
D 아스파르트산	K 리신	R 아르기닌	
E 글루탐산	L 루신	S 세린	
F 페닐아라닌	M 메티오닌	T 트레오닌	
G 글리신	N 아스파라긴	V 발린	

〈그림 3-1〉 돼지 췌장 α-아밀라아제의 아미노산 배열 순서(위)와 아미노
　　　　　산의 약자(아래)

〈표 3-1〉 여러 α-아밀라아제의 아미노산 배열의 일부

Ⓐ 아미노산 배열	49	50	51	52
돼지 췌장	V	V	V	T
쥐 췌장	I	I	I	N
생쥐 췌장	V	V	V	H
생쥐 타액	I	I	V	H
사람 췌장	V	A	F	N
사람 타액	V	A	I	H

Ⓑ 아미노산 배열	298	299	300	301
돼지 췌장	N	H	D	N
쥐 췌장	N	H	D	N
생쥐 췌장	N	H	D	N
생쥐 타액	N	H	D	N
사람 췌장	N	H	D	N
사람 타액	N	H	D	N

다른 것으로 바뀌어도 α-아밀라아제로서 작용하는 데는 지장이 없으나 298~301 부분은 매우 중요하여 조금이라도 변하면 α-아밀라아제로서 작용을 하지 못하는 것으로 생각된다.

코오지 곰팡이같이 포유동물과 한참 먼 생물의 α-아밀라아제를 살펴보면 이것을 더욱 확실히 알 수 있다. 전체적으로 아미노산 배열 순서는 큰 차이가 있지만 공통 부분이 확실히 남아 있다. 코오지 곰팡이 α-아밀라아제에도 298~301번째가 NHDN으로 똑같은 배열을 갖고 있다.

아미노산 배열 순서는 유전자 DNA에 의해 결정된다. 여러 α-아밀라아제는 처음에는 조상이 같아서 같은 유전자를 가졌으나 오랜 세월 돌연변이를 반복하여 서로 다르게 변화하여 온 것으로 볼 수 있다.

코오지 곰팡이같이 멀고 먼 옛날에 같은 조상에서 서로 갈라

선 생물의 유전자는 돌연변이를 일으킨 횟수가 많아서 아미노산이 바뀔 기회가 많았으나, 효소가 작용하는 데 필요한 부분의 배열은 보존되었다고 볼 수 있다.

이번에는 기질 특이성이 약간 다른 것들끼리의 아미노산 배열을 비교해 보자.

트립신, 키모트립신, 엘라스틴 가수분해효소는 췌장에서 분비하는 단백질 가수분해효소이다. 그러나 단백질을 자르는 위치가 서로 다르다.

트립신은 리신(K) 또는 아르기닌(R)의 옆을 자르며 키모트립신은 페닐알라닌(F), 티로신(Y), 트립토판(W)의 옆을 잘 자른다. 엘라스틴 가수분해효소는 알라닌(A) 사이를 잘 자른다. 트립신, 키모트립신, 엘라스틴 가수분해효소는 서로 형제간이지만 자르기 좋아하는 위치가 서로 다르다.

트립신, 키모트립신, 엘라스틴 가수분해효소의 아미노산 배열을 조사해 보면 공통의 아미노산 배열 순서 GDSG가 있다. GDSG 배열은 단백질의 사슬을 자른다는 공통 작용에 관계돼 있는 것으로 보인다. 실제로 그렇다는 사실은 다른 방법으로 증명되었다.

그러나 단지 아미노산 4개의 배열만이라니…… 우연히 공통으로 존재할 가능성은 없는가?

물론 그런 가능성도 있으나 거의 불가능하다.

아미노산은 20종류이므로 4개의 아미노산 배열 차이는 20^4, 즉 16만 가지나 있다. 4개의 아미노산 배열이 같아질 수 있는 확률은 16만 분의 1이다. 5개의 배열이라면 그 확률은 300만 분의 1이 된다.

그래서 전혀 관계도 없는 단백질에 같은 아미노산 배열이 존재한다는 것은 가능성이 적다.

트립신과 키모트립신, 엘라스틴 가수분해효소의 공통 배열은 단백질의 사슬을 끊는 데 관계하며, 기질 특이성은 다른 장소에서 정하고 있는 것으로 보인다.

3. 효소의 형태(입체 구조)에는 의미가 있다

다이스케의 방에서 압수한 잡지에는 젊은 여성의 사진이 실려 있다. 모두 아름다운 몸매다. 키도 크고 팔과 다리도 늘씬하다.

하나코 씨는 한숨을 쉬고서 잡지를 쓰레기통에 버렸다.

자신의 몸을 보고 실망한 것 같다. 분명히 하나코 씨는 키도 작고, 몸도 뚱뚱하다.

그러나 하나코 씨 실망하지 마. 우리는 하나코 씨의 몸매를 매우 좋아하고 있어. 실은 우리의 몸도 대개 둥근형을 하고 있기 때문이야.

뭐? 사슬같이 가늘고 긴 형이라고 하지 않았는가? 아니 그렇지 않다.

우리 몸은 목걸이의 구슬처럼 길게 연결되어 있다고 하였으나 단순히 길게 늘어놓은 형태로 있는 것은 아니다.

사슬이 접히고, 나선으로 꼬여서 전체로서는 구형의 복잡한 입체 구조를 만들고 있다. 이 입체 구조가 우리의 촉매 작용과 밀접한 관계를 갖고 있다.

지금까지 우리의 초능력을 얘기했으나 우리에게도 약점이 있

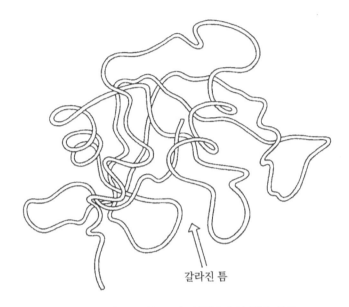

갈라진 틈

〈그림 3-2〉 리보핵산 가수분해효소의 입체 구조

다. 즉 열에 약하다. 100℃의 끓는 물에 몇 분 넣으면 대부분
죽어버려 촉매 작용이 없어진다.

　단백질의 입체 구조는 영국의 페루츠(M. F. Perutz)와 켄드
류 (J. C. Kendrew) 등이 처음 밝혀냈고, 이들은 1962년에
노벨화학상을 받았다. 그들이 알아낸 것은 미오글로빈과 헤모
글로빈으로 효소는 아니다.

　효소로서 입체 구조가 처음 밝혀진 것은 라이소자임이다. 이
효소는 박테리아의 세포벽을 녹이는 작용을 한다.

　라이소자임은 129개의 아미노산으로 되어 있다. 아미노산은
부분적으로 나선을 만들며 접혀서 전체적으로는 구형을 하고
있다. 그중에 갈라진 틈 같은 구조가 있다(그림 3-2). 그리고

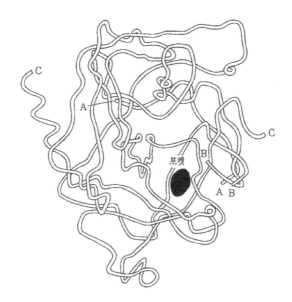

〈그림 3-3〉 키모트립신의 입체 구조(A, B, C 세 가닥 사슬로 되어 있다)

중요한 것은 기질이 이 갈라진 틈에 꼭 들어맞는다는 점이다.

이 갈라진 틈이 기질을 잡아들여 화학 반응을 진행시키는 장소로, 라이소자임의 심장부에 해당된다.

라이소자임에 이어 다른 효소의 입체 구조도 밝혀졌다. 리보핵산 가수분해효소에도 역시 갈라진 틈, 또는 파인 곳이 있어서 여기에 기질인 RNA가 들어가면 가수분해가 일어난다.

트립신이나 키모트립신에도 중앙에 파인 곳이 있으며 여기에 앞서 얘기한 공통의 GDSG라는 아미노산 배열이 존재한다. 파인 곳 안에는 다시 더 깊이 들어간 자리가 있다. 이곳을 '포켓'이라고 한다(그림 3-3). 트립신과 키모트립신은 포켓의 상태가 서로 다르며 기질 특이성의 차이는 여기서 생기는 것으로 여겨지고 있다.

코오지 곰팡이의 α-아밀라아제의 입체 구조도 밝혀져 있다. 아미노산 사슬의 나선형 부분은 밖으로 늘어서 있고, 나머지 사슬이 꽃잎 형태로 광주리처럼 구부러져 안으로 채워진 구조를 갖고 있다.

이런 형태의 입체 구조는 다른 여러 효소에서도 발견되고 있으며 '배럴(barrel) 구조'라고 한다.

α-아밀라아제도 역시 중앙에 기질인 녹말이 결합하는 골이 있고, '3장-2. 효소의 본체는 단백질'에서 말한 공통의 아미노산 배열 NHDN이 여기에 배치하고 있다.

이같이 효소의 몸에는 기질을 잡아서 화학 반응을 일으키는 홈, 틈, 파인 곳, 갈라진 곳, 골짜기, 골 등으로 표현되는 부분이 존재하고 있다. 이 부분을 전문가는 효소의 '활성 부위'라고 한다.

우리 몸은 각기 특정한 입체 구조를 만들고 있으나 이 입체 구조를 정하고 있는 것은 아미노산 배열 순서이다.

우리 몸을 만들고 있는 아미노산은 20종이지만 각 아미노산은 개성에 따라 형태가 작은 것, 큰 것, 물과 잘 안 어울리는 것, 물과 친한 것, 플러스의 전기를 띤 것, 마이너스의 전기를 띤 것 등 여러 가지이다.

이들 아미노산의 각 성질이 조금씩 기여하여 전체의 특정한 입체 구조를 만들고 있다.

아미노산 배열 순서는 유전자 DNA 중에 들어 있는 정보에 따라 결정되므로 결국 우리 몸의 형태는 유전자가 결정하는 것이 된다.

4. 갈라진 틈에서 무슨 일이 일어날까?

많은 효소의 몸을 살펴보면, 몸의 중심에 갈라진 부분-활성 부위가 있다.

효소 반응의 첫 단계는 기질이 효소의 활성 부위에 정확하게 들어가는 일이다. 그러나 정해진 모양의 물질만 갈라진 부분에 들어갈 수 있다. 이것이 기질 특이성을 만든다.

기질이 활성 부위에 정확하게 결합하면 화학 반응이 진행된다. 즉 활성 부위의 두 번째 역할은 화학 반응을 진행시키는 촉매 작용이다.

즉, 우리 몸에 있는 활성 부위는 기질이 달라붙는 부위와 화학 반응이 일어나는 부분으로 구성되어 있다. 전자를 '기질 결합 부위', 후자를 '촉매 부위'라고 한다.

예를 들자면 〈그림 3-4〉의 전갈과 같이 설명할 수 있다. 전갈이 먹이를 죽일 때는 집게발로 먹이를 꽉 물어 움직이지 못하게 하고서 독침을 쏜다. 여기서 집게발은 기질 결합 부위, 침은 촉매 부위이다.

실제로는 활성 부위 중에 기질 결합 부위와 촉매 부위가 나란히 존재하고 있는 경우도 있고, 촉매 부위가 결합 부위 안에 존재하는 경우도 있다.

기질이 기질 결합 부위에 결합하였을 때 입체 구조에 변화가 일어나는 예가 있다. 구조 변화는 몸 전체에 크게 일어나는 경우도 있고 결합 부위 옆에만 일어나는 경우도 있다.

예를 들면 헥소 키나아제라는 효소는 기질이 결합 부위에 결합하면 파인 곳 주변의 구조가 변화하여 마치 활성 부위의 파

촉매 부위

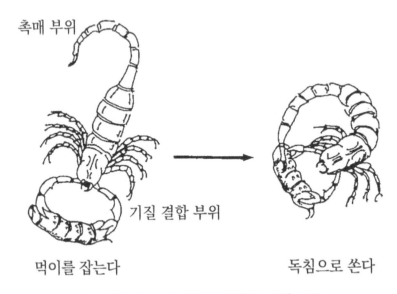

기질 결합 부위

먹이를 잡는다   독침으로 쏜다

〈그림 3-4〉 효소 작용의 전갈(유도 적합) 모델

인 곳을 메우는 느낌을 준다고 한다. 큰 구조 변화를 일으키는 예도 있다.

코쉬란드(D. E. Koshland, Jr.)는 이런 결과로부터 '효소의 유도 적합설'을 제창하였다. 효소와 기질은 처음부터 열쇠와 자물쇠같이 서로 꼭 맞는 형으로 존재하는 것이 아니고, 다른 형태로 존재하다가 기질이 결합하면 입체 구조가 변화하여 서로 꼭 맞게 된다. 그렇게 하면 촉매 부위가 올바로 배치되어 반응이 일어나게 된다. 확실히 우리가 '살아 있는' 것을 느끼고 있을 것이다.

촉매 부위의 작용에 대해 다시 트립신, 키모트립신, 엘라스틴 가수분해효소 얘기를 하자.

이 세 효소는 한 형제이고, 모두 단백질의 사슬을 자르지만

〈그림 3-5〉 위는 열쇠와 자물쇠설, 아래는 유도 적합설

기질 특이성이 다르다. 아미노산 배열 순서를 조사하면 GDSG 라는 공통 배열이 존재하며 입체 구조에서 활성 부위의 틈 안에 이 배열이 있고, 결합 부위인 포켓 옆에 존재하는 것도 알았다. 그러므로 이 GDSG가 촉매 작용과 관계있을 것이다.

더 조사해 나가면 GDSG의 S, 즉, 세린이라는 아미노산이 중심적인 역할을 하는 것을 알 수 있다. 이 세린은 반응성이 매우 풍부하며 포켓에 고정된 기질과 결합하거나 떨어지거나 하여 반응을 진행시킨다. 더 알고 싶은 사람은 적당한 참고서를 읽기 바란다. 덧붙이자면 단백질을 분해하는 효소 중에는 전혀 다른 촉매 부위를 갖고 있는 것도 있다.

이외에도 여러 효소의 촉매 부위가 조사되어 있다. 그러나 아직 알려지지 않은 경우가 더 많다.

하나코 씨는 밤늦게 열심히 텔레비전을 보고 있다.

텔레비전의 화면에서는 젊은 남녀가 서로 끌어안는다.

그렇다. 바로 이것이 효소와 기질이 결합하는 모습이다. 〈그림 3-5〉를 보기 바란다.

4장 효소도 '관리사회'의 일원

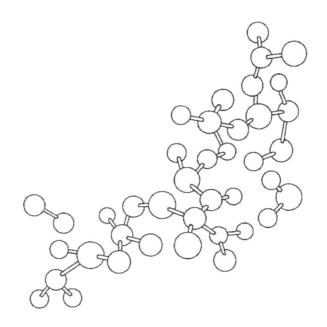

1. 나는 함부로 작용하지 않는다

"아빠는 오늘도 늦어요?"

저녁 먹을 때 다이스케가 물었다.

남편인 타로 씨는 어느 생산 회사에 근무하고 있는 샐러리맨인데 요즈음 매일 밤늦게 돌아온다.

가족과 함께 저녁을 먹는 일은 거의 없다.

"너무 일을 해. 몸이 상하지 않아야 할 텐데."

시어머니가 자식의 몸을 걱정한다.

"뭘 하고 있을까? 그렇게 밤늦게까지 일해도 월급은 전혀 오르지 않고."

하나코 씨는 월급으로 얘기를 돌린다.

"판매과라 바빠서 집에 늦게 들어오게 되었어."

할머니가 말했다.

"참, 큰일이야."

다이스케가 말했다.

"그 사람 요령이 없어서 물건을 잘 팔지 못해요."

하나코 씨가 말했다.

"아냐, 무엇보다 공장에서 물건을 너무 많이 만들어 판매과에 떠넘겨서 힘들다는 거여."

할머니가 아들 타로 씨를 싸고돈다.

"거기다 사람이 부족하다는구만. 요즈음 젊은 사람들은 회사에 들어가도 일이 힘들다거나 마음에 안 들면 바로 그만두니까."

"어쨌든 엉터리 회사야. 생산 관리도 노무 관리도 전혀 안 하니."

하나코 씨는 이번에는 회사를 욕했다. 오늘도 기분이 좋지 않은 것 같다.

인간 사회에서는 가능한 한 낭비를 줄이고 능률이 높게 물건을 생산하려고 한다. 그러기 위해서 여러 관리 기구가 존재한다.

그것은 우리 효소 사회에서도 마찬가지다. 우리는 일하는 분자라 하여 끊임없이 일하며 아무 때나 화학 반응을 일으켜 물건을 만들거나 부수는 것은 아니다. 필요할 때만 일하고, 불필요할 때는 쉬는 시스템을 갖고 있다.

대표적인 예는 '되돌림 저해'라는 현상이다. 어느 일련의 반응 계열,

$$A \xrightarrow{\text{효소a}} B \xrightarrow{\text{효소b}} C \xrightarrow{\text{효소c}}$$
$$\cdots\cdots\cdots \rightarrow Z$$

이 있을 때 최종 생산물 Z가 처음의 효소 a의 작용을 억제하는 현상이다.

그러므로 Z가 충분히 있을 때는 이 반응 계열은 작용하지 않는다. Z가 소비되면 효소 a에 대한 억제력이 해소되어 반응 계열이 움직이기 시작하여 Z가 생산된다. 이를 반복하면 Z의

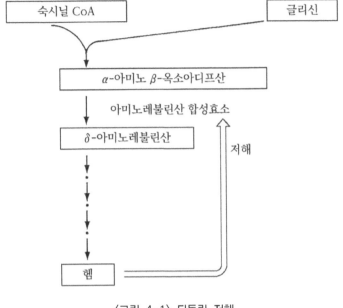

〈그림 4-1〉 되돌림 저해

양은 어느 일정 수준으로 유지된다. 실로 매우 솜씨 좋은 방법이다.

예로서, 헤모글로빈(혈액 속에서 산소를 운반하는 단백질)을 만드는 재료인 '헴'이라는 물질이 있다. 헴은 '숙시닐 CoA'라는 물질과 '글리신'이라는 물질에서 출발하여 여러 효소에 의해 합성된다(그림 4-1).

헴이 충분할 때에는 이 헴이 일련 반응의 최초 담당자인 아미노레불린산 합성효소의 작용을 억제하여 일련의 반응이 정지한다.

〈그림 1-3〉에서 언급한 해당계에서도 일종의 되돌림 저해 현상이 보인다. 해당계는 몸속의 화폐에 해당되는 ATP를 만드

는 시스템이다. ATP가 충분할 때는 해당계 중의 포스포프룩토 키나아제라는 효소의 작용을 억제하여 해당계가 쓸데없이 작용하지 않도록 하고 있다.

되돌림 저해의 경우 최종 생산물 Z는 효소 a의 기질 A와 전혀 다른 구조를 갖고 있다. 그래도 효소 a의 작용을 억제하고 만다. 어떻게 하여 그런 일이 일어날 수 있을까?

2. 다른자리 입체성 효과는 무엇인가?

되돌림 저해는 '다른자리 입체성 효과(allosteric effect)'라는 현상이다(그림 4-2).

효소에는 기질과 결합하는 기질 결합 부위가 있다. 효소 중에는 기질 결합 부위와 전혀 다른 장소에 기질이 아닌 물질과 결합하는 부위를 갖는 것이 있다.

앞서의 예를 들면 효소 a로, 기질 A의 결합 부위와 다른 장소에 Z와 결합하는 부위가 있다.

이 부위에 특정의 물질이 결합하면 효소의 입체 구조가 변하고 만다. 그 결과 촉매 작용이 억제되거나 촉진된다(효소 a의 경우는 물론 억제된다).

이런 현상이 다른자리 입체성 효과이다. 알로스테릭(allosteric)이란 그리스어로 '다른자리'라는 의미이다.

기질 결합 부위와 다른 부위에 결합하여 효소의 작용을 억제하거나 촉진하는 물질은 '조절 인자(effector)'라고 한다.

지금까지 알려진 바로는 다른자리 입체성 효소는 한 가닥의

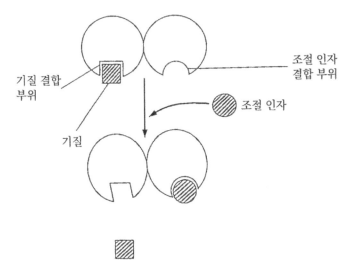

기질 결합
부위

조절 인자
결합 부위

조절 인자

기질

〈그림 4-2〉 다른자리 입체성 효과

사슬로 된 것이 아니고 여러 가닥의 사슬로 되어 있다. 사슬 하나하나가 구형의 입체 구조를 만들고 이것이 다시 여러 개 모여서 큰 구조체를 형성한다.

예를 들어 아스파르트산 카르바모일기 전달효소라는 효소는 합계 12개의 서브유닛(subunit)으로 되어 있다. 그중 6개는 기질과 결합하여 촉매 작용을 하고, 나머지 6개는 촉매 작용과 관계없이 조절 인자와 결합한다.

이 효소는 RNA나 DNA의 재료인 피리미딘 합성계의 첫머리에 위치하며, 이 계열의 최종 산물인 'CTP'라는 물질이 되돌림 저해한다. CTP가 조절 인자 결합 부위에 결합하면 서브유닛 사이에 변화가 생겨 촉매 부위의 작용을 억제한다.

그중에는 기질 자체가 조절 인자로서 작용하는 경우도 있다.

먼저 기질이 처음의 서브유닛의 기질 결합 부위에 결합한다. 그러면 그 서브유닛의 입체 구조에 변화가 일어난다. 이 변화는 다른 서브유닛에 전달되어 이들 서브유닛도 변한다. 즉, 기질과 결합하기 쉬워진다.

기질의 농도가 낮아지면 기질이 잘 결합하지 않아 반응이 진행되지 않지만 기질 농도가 높아져 한 개라도 기질이 결합할 수 있으면 즉시 많은 기질이 결합하게 되어 반응이 급속히 진행된다.

좋지 않은 예지만 파친코(하나코 씨는 파친코를 좋아해서 시장 갔다 오다가 시어머니 모르게 파친코 집에 자주 들린다)에서 쇠구슬이 한 개 들어가면 튤립이 열려 다른 쇠구슬이 들어가기 쉬워지는 것과 같다.

3. 효소는 호르몬의 신호를 받아 움직인다

호르몬은 몸의 여러 장기의 작용을 조절하고 있다. 호르몬은 몸의 특정 부위에서 생산되며, 혈액을 통해 다른 장기로 운반되어 거기서 작용한다. 여러 장기에서 호르몬이 생리 작용을 발휘하는 것은 효소를 통해서이다.

한 예를 들어보자. 글루코오스는 몸의 가장 중요한 에너지원으로 각 장기에 혈액을 통해 공급된다. 혈액의 글루코오스는 간장의 글리코겐에서 온다.

글리코겐이란 녹말과 닮은 다당으로 글루코오스가 많이 중합한 것이다. 혈액에 글루코오스를 공급하려면 글리코겐을 토막

토막 잘라야 하는데, 이를 조절하고 있는 것이 아드레날린과 글루카곤이라는 호르몬이다.

아드레날린은 부신피질에서 생산되는 호르몬으로 근육 등에서 글루코오스가 소비되면 혈액 속에 방출된다. 방출된 아드레날린은 극미량(0.0003 mg/ℓ)이지만 그 정도로 충분한 자극이 되어 간장에서 글리코겐이 분해되기 시작한다. 이를 분해하는 것이 글리코겐 가인산분해효소라는 효소이다(그림 4-3).

글리코겐 가인산분해효소는 불활성형과 활성형이 있다.

이들의 차이는 약간의 구조 차이에서 비롯된다. 즉, 불활성형 몸에 인산이 결합하면 활성형이 되어 작용하게 된다.

인산이 결합한다고 하였으나 이 경우는 다른자리 입체성 효과의 경우와 달리 화학 반응으로 인산이 결합한다. 그리고 이때는 다른 효소가 작용한다.

즉, 가인산분해효소 키나아제라는 효소가 글리코겐 가인산분해효소의 불활성형을 깨워 활성형으로 만든다.

가인산분해효소 키나아제도 활성형과 불활성형이 있다. 불활성형을 인산화하여 활성형으로 만드는 데는 단백질 키나아제라는 다른 효소의 도움을 받아야 한다.

아드레날린이 세포막에 접근하면 세포막에 있는 아데닐산 고리화효소라는 효소가 자극되어 활동이 활발해진다. 그리고 사이클릭 AMP(cyclic AMP)라는 물질을 만든다.

사이클릭 AMP는 단백질 키나아제의 조절 인자로 다른자리 입체성 효과에 의해 작용이 활발해진다.

단백질 키나아제의 작용이 활발해지면 앞에서 말한 바와 같이 가인산분해효소 키나아제는 불활성형 글리코겐 가인산분해

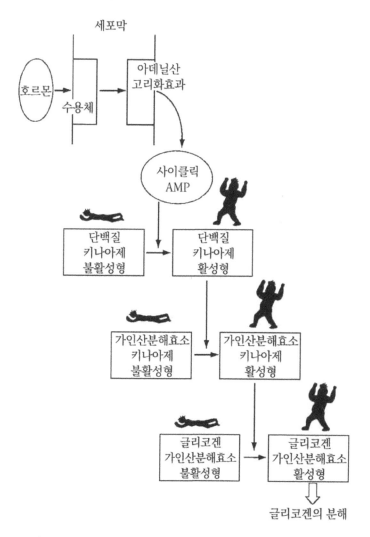

〈그림 4-3〉 글리코겐 분해의 단계식 증폭 기구에 의한 조절

효소를 활성화시킨다. 그 결과 글리코겐의 분해가 활발해진다.

이같이 호르몬의 최초 신호가 차례차례 효소 무리의 작용에 영향을 미쳐 나간다.

한 개의 호르몬이 다수의 사이클릭 AMP의 합성을 일으키고, 그에 의해 활성화된 단백질 키나아제 각 분자가 다수의 ……라는 식으로 신호가 차례차례 증폭되어 간다.

마치 단계식 폭포 같은 것으로 이를 '단계식 증폭(cascade) 기구'라고 한다.

호르몬 등 외부의 신호를 받아 세포 속에 전하는 메커니즘은 다른 예도 있다.

세포막 중에서 '포스파티딜이노시톨 이인산'이라는 물질이 있다. 밖에서 신호가 오면 '인산지방질 가수분해효소 C'라는 효소가 자극받아 포스파티딜이노시톨 이인산이 분해되어 '디아실글리세롤'과 '이노시톨 삼인산'으로 변한다. 디아실글리세롤은 '단백질 키나아제 C'라는 효소를 자극한다.

한편, 이노시톨 삼인산은 세포 내의 칼슘 농도를 높여 결과적으로 효소를 자극해 나간다.

그게 그거 같아서 이해가 잘 안 가는 사람은 읽지 않고 넘어가도 좋다. 그러나 이 분야는 관심이 집중되고 있는 학문 분야이다. 단백질 키나아제 C는 고베대학의 니시즈카 교수가 발견한 효소이다. 1984년에 과학 잡지 「Nature」에 발표되어 상당한 반향을 불러일으켜 가장 많이 인용되었다.

4. 단백질 가수분해효소의 관리

단백질을 가수분해하는 효소-트립신, 키모트립신, 펩신, 엘라스틴 가수분해효소 등의 관리 메커니즘을 살펴보자.

이들 효소는 어떤 의미에서는 매우 위험한 존재다. 이들은 위나 폐장의 세포에서 만들어진다. 제멋대로 날뛰도록 놔두면 세포 속의 다른 중요한 단백질을 가수분해해 버린다. 그래서 이들 무리는 먼저 촉매 활성이 없는 형태로 만들어져 비축된다. 그리고 소화관 등에 분비되고 나서 비로소 촉매 활성이 있는 형태로 변한다.

불활성인 것을 활성형으로 바꾸는 것도 그들 자신이다. 예로서 트립신은 불활성 트립시노겐이라는 형태로 췌장에서 만들어진다.

트립시노겐은 트립신보다 약간 커서 아미노산 6개로 된 여분의 사슬이 붙어 있다. 이 여분의 사슬을 잘라내면 트립신으로 변하여 단백질을 분해하게 된다.

췌장에서 트립시노겐의 형태로 분비되면 십이지장 점막에 있는 엔테로펩티드 가수분해효소라는 동료 효소가 여분의 사슬을 잘라낸다. 이렇게 하여 트립신이 만들어지면 그 트립신은 다른 트립시노겐에 작용하여 여분의 사슬을 끊어 트립신으로 바꿀 수 있다.

즉, 매우 적은 양의 엔테로펩티드 가수분해효소가 방아쇠로서 작용하며, 그다음은 저절로 트립신으로 변해간다.

또 트립신은 불활성 키모트립시노겐을 활성 키모트립신으로 변화시키며, 불활성 엘라스틴 가수분해효소를 활성 엘라스틴

78

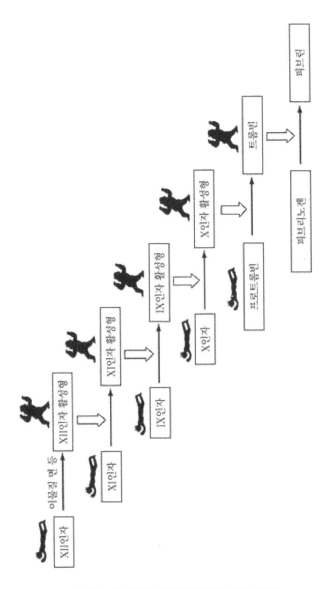

〈그림 4-4〉 핼액 응고의 단계식 증폭 기구

가수분해효소로 바꾼다.

이와 비슷한 현상은 혈액 응고 시에도 일어난다. 상처가 나면 상처에서 피가 흘러나온다. 그러나 피는 이윽고 굳어 상처를 막아 피가 많이 흘러나오는 것을 막는다. 즉, 혈액 응고는 몸의 교묘한 자기 방어 기구의 하나이다.

피가 딱딱하게 굳는 것은 피브리노겐이라는 혈액 속의 단백질이다. 피브리노겐은 녹은 상태로 있으나 피브리노겐이 부분적으로 절단되면 피브린이 되어 굳어진다.

피브리노겐을 피브린으로 바꾸는 것은 효소인 트롬빈이다. 트롬빈도 혈액 속에 있으나 보통은 프로트롬빈이라는 전구체형으로 존재한다. 프로트롬빈은 피브리노겐에 작용하는 힘을 갖지 못한다. 그러면 프로트롬빈을 트롬빈으로 바꾸는 것은 무엇인가? 'X인자'라는 동료이다. 이 동료에도 활성형과 불활성형이 있어서 ……라는 짜임새로 많은 무리가 관여하고 있다.

X인자의 가장 첫 번째 시발 물질인 XII인자는 상처에서 노출되었을 때 외부의 물질과의 접촉이 자극이 되어 활성화된다. 이같이 혈액 응고도 단계식 증폭 기구의 하나이다(그림 4-4).

5. 임시로 증원된다

"다이스케는 크면 뭐가 되고 싶니?"

할머니가 저녁 먹으면서 물었다. 오늘도 타로 씨는 아직 돌아오지 않아서 셋이서 식탁을 마주하고 있다.

"뭐, 그다지."

다이스케가 대답했다.

"뭐? 되고 싶은 것이 없어?"
"별로요."

다이스케는 건성으로 대답했다. 눈은 텔레비전에 가 있다.

"'별로'라고만 하지 말고 똑바로 대답해."

하나코 씨가 다그쳤다.

"갖고 싶은 직업이 있을 것 아니니?"

다이스케는 어쩔 수 없이 돌아보며,

"정말 없어요. 샐러리맨은 싫어요. 아빠를 보면 큰일이야. 별것 아니니까."
"……."
"회사에 들어가도 사장이 된다면 좋지만 그럴 가능성이 없잖아요."
"그렇지."

하나코 씨도 고개를 끄떡이고 말았다.

"옛날에는 프로야구 선수가 되고 싶었지만 내게는 그런 재능이 없어요."
"그래."

하나코 씨는 다시 고개를 끄떡였다.

"나는 프리터로 족해요. 프리터가 좋아요."
"뭐? 프리터라니."

하나코 씨가 물었다.

"프리 아르바이터(free arbeiter)의 약자에요. 어디 소속되어 있지 않고 일하고 싶을 때만 일하는 거예요."

다이스케가 답했다.

"말은 좋지만 결국 임시직이라는 얘기 아니냐. 회사 쪽에서야 좋지. 바쁠 때는 썼다가 일거리가 없으면 바로 쫓아내면 되니까."

하나코 씨가 반박했다.

"제대로 된 회사에 들어가. 그러기 위해서는 좋은 대학에 들어가야지."

하나코 씨가 말하자

"결국 공부하라는 소리죠."

다이스케가 말을 내뱉고 자기 방으로 도망가듯 들어가 버렸다.

인간 사회에는 항상 근무하는 정규 사원 외에 필요에 따라 증감하는 임시직 사원이 있다. 효소 사회에도 같은 일이 있다. 이 부분은 미생물에 대해 연구가 잘되어 있다.

예를 들자면 대장균을 생육시킬 때 영양원으로서 락트당을 사용한다고 하자. 락트당은 갈락토오스와 글루코오스가 결합한 물질로 이를 영양원으로 이용하기 위해서는 먼저 그 결합을 풀어서 글루코오스와 갈락토오스로 분리해야 한다.

그래서 대장균은 락트당을 분해하는 β-갈락토시드 가수분해효소라는 효소를 생산한다. β-갈락토시드 가수분해효소는 락트당이 없으면 필요 없으므로 만들지 않는다. 락트당이 있어도 글루코오스를 함께 가하면 대장균은 일부러 락트당을 이용할 필요가 없기 때문에 역시 β-갈락토시드 가수분해효소를 만들지 않는다.

이 현상을 분자 수준에서 잘 해석한 것은 프랑스의 자코브 (F. Jacob)와 모노(J. Monod)로 1965년에 노벨생리의학상을 받았다.

그들의 이론을 간단히 설명하면 다음과 같다. '1장-5. 유전자의 열쇠를 파악'에서도 언급한 바와 같이 효소를 비롯한 단백질의 정보는 유전자 DNA 속에 있다. 이것이 RNA에 전사되어 이 RNA를 바탕으로 단백질이 만들어진다.

β-갈락토시드 가수분해효소의 RNA에 대한 전사를 조절하는 부위가 그 옆에 있다. 거기에는 항상 억제 인자라는 단백질이 단단히 결합하고 있어서 β-갈락토시드 가수분해효소 유전자의 전사를 방해하고 있다.

배지 중에 락트당을 가하면 락트당은 억제 인자와 결합한다. 그러면 억제 인자의 입체 구조에 변화가 와서 억제 인자는 DNA상의 조절 부위에 결합하지 못하고 떨어져 버린다. 그 결과 β-갈락토시드 가수분해효소의 전사가 시작된다.

또 한 예를 들어보자. 쪽팡이인 바실러스 서브틸리스(Bacillus subtillis)는 글루코오스, 무기염류, 물로 만들어진 간단한 배지에서도 살 수 있다. 즉, 생육에 필요한 아미노산 등은 글루코오스와 무기염류에서 만든다. 즉, 쪽팡이 속에는 아미노산을 만드는 효소 무리가 들어 있다.

예를 들면, 아미노산의 하나인 트립토판이 있다. 트립토판을 만드는 데 필요한 효소인 트립토판 생성효소는 이런 쪽팡이 속에 반드시 존재하고 있다.

배지 속에 트립토판을 가해 배양하면 트립토판 생성효소가 쪽팡이의 몸에서 없어져 버린다. 트립토판을 만들 필요가 없어져 버리기 때문이다.

필요에 따라 일꾼을 늘리는 일은 이유를 알기 쉬우나 불필요할 때 없어져 버리는 것은 어째서일까?

그것은 세포 속에서 항상 효소가 만들어지면서 다른 한편에서는 부서지고 있기 때문이다. 효소의 수명은 짧다. 합성이 그치면 분해만 남아 이윽고 세포 속에서 모습을 감춘다.

이상은 쪽팡이 같은 미생물의 얘기이지만 인간과 같은 고등동물의 경우에도 효소가 정해진 숫자만큼 반드시 갖춰져 있다고 할 수는 없고 상황에 따라 구성원의 수와 종류가 변동하고 있다.

태아에서 어린아이, 그리고 어른으로 성장하는 과정에서 나타나는 변동도 있고, 낮에서 밤으로 하루에 걸쳐 일어나는 변동도 있다. 또 '6장-1. 효소와 술'에서 언급할 'P450'이란 효소와 같이 몸에 들어온 알코올이나 약물에 대응하여 증강되는 것도 있다.

5장 효소의 재료, 효소의 조수

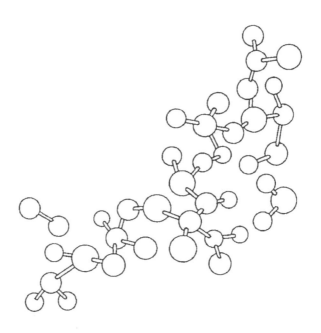

1. 효소를 먹어도 의미가 없다?!

"오늘 저녁 식사로는 칼슘과 무기물이 부족하겠다. 며느리야."

시어머니가 저녁상을 앞에 놓고 말했다. 전혀 생각지도 못한 일이다. 하나코 씨는 눈을 둥그렇게 뜨고 시어머니를 바라보았다.

"뭐라고요, 어머니?"

"오늘 말이다. 구민 회관에서 노인들 모임이 있었어. Q대학의 M교수라는 훌륭한 분의 강의가 있었지."

"아 그래요. 어머니, 그런데 이해가 가던가요?"

"그럼, 아주 좋은 얘기였는 걸. M교수는 핸섬하고 매우 멋있는 분이야, 히히히."

시어머니가 이상한 웃음소리를 낸다.

"예-."

"그런데 M교수가 말하기를 일본의 노인은 칼슘과 비타민, 단백질이 부족하기 쉽대요. 그래서 얘 며늘아, 나는 지금부터 매일 우유를 먹어야겠다. 그리고 빨간색 채소와 노란색 채소에 신선한 과일을 먹어야……."

"그런데 어머니는 우유를 싫어하시잖아요."

하나코 씨가 말했다.

"그야 그렇지만……"

"어째서 칼슘과 비타민을 먹어야 하는지 알아요?"

다이스케가 끼어들어 하나코에게 말했다.

"먹지 않으면 병에 걸리기 때문이지."

하나코 씨가 귀찮다는 듯이 대답했다.

"그런 거 물어본 게 아닌데. 뭐 그렇다 치고, 그럼 왜 병에 걸려요?"

"저…, 옛날에 배운 것 같은데, 어떤 비타민이 부족하면 각기병에 걸린 다든가, 어떤 비타민이 부족하면 야맹증에 걸린다든가……. 옛날 일이라 잊어버렸다."

하나코 씨가 말했다.

"나는 오늘 M교수에게서 금방 들었는데도 잊어버렸다."

시어머니가 말했다. 다이스케는 할머니를 무시하고

"자, 단백질은 어째서 먹어야 돼요?"

"글쎄."

"단백질은 몸의 중요한 성분이기 때문이에요."

"그래, 알면 묻지 마."

"그럼, 하나만 더 물어볼게요, 엄마."

"뭘?"

"화학 시간에 배운 지식으로 말하자면 몸의 성분 중 단백질과 같은 정도로 중요한 DNA라든가 RNA는 섭취하라고 하는 일이 없어요. 왜 그렇죠?"

"글쎄, 모르겠다. DNA라든가 RNA는 배운 기억이 없다."

하나코 씨가 대답했다.

"나도 마찬가지야."

시어머니가 말했다.

"아빠가 돌아오면 물어봐."

하나코 씨가 귀찮다는 듯이 말하자

"네."

하고 다이스케는 더 이상 상대하지 않으려는 기색으로 답했다.

다이스케는 상당히 예리하다. '몸속에서 중요한'이란 말과 '먹지 않으면 안 된다'라는 말은 다르다.

지금까지 우리 효소의 얘기를 읽어 온 독자 중에는 효소가 매우 중요한 것이기 때문에 매일 우리 효소를 하나 가득 먹어야 한다든가, 먹으면 건강에 좋다고 생각하는 사람도 있을 것이다. 또는 자기는 특정 효소가 부족한 것 같기 때문에 먹어서 보충해야 한다고 생각하는 사람도 있을 것이다.

그러나 그것은 맞지 않는다. 몸에 중요하다고 해서 매일 효소를 먹을 필요도 없고 부족하다고 효소를 먹어도 아무 도움이 안 된다.

2. 효소의 재료를 먹을 필요가 있다

첫째, 인간을 비롯한 생물은 중요한 효소를 자기 몸속에서 만드는 능력이 있다. 즉 살아 있는 생물은 효소 외에 단백질, DNA, RNA도 역시 자신의 몸속에서 만들 수 있다.

둘째, 우리 효소를 먹어도 원리상으로 몸 안에 들어가지 않는다. 우리 효소를 비롯한 단백질은 소화관 중에서 소화효소(단백질 가수분해효소)의 작용으로 아미노산이나 아미노산이 두세 개 결합한 매우 짧은 토막으로 분해돼 흡수된다. 아주 미량의 단백질이 그대로 소장에서 흡수되는 일도 있지만 양적으로는 거의 무시할 수 있는 양이다.

셋째, 인간이 음식으로 먹는 소와 돼지, 채소 등은 다른 생물이다. 같은 작용을 갖는 효소라도 생물에 따라 효소의 구조가 조금씩 다르다. 즉 〈그림 3-1〉에서 살펴본 바와 같이 사람과 돼지, 소의 효소의 아미노산 배열은 조금씩 다르다.

인간을 비롯한 고등 동물의 몸에는 면역 기구가 있어서 자기 몸의 성분과 다른 구조를 갖는 것이 들어오면 이물(항원)이 생겼다고 판단하여 배제시킨다. 즉, 그에 대항하는 항체를 만들어 제거한다. 경우에 따라서는 항원항체 반응에 의한 쇼크(ana-phylaxis)를 일으킬 위험도 있다.

그러므로 만약 음식 중의 효소가 몸 안에 들어왔다고 해도 환영받지 못하며, 작용하지도 못한다.

왜? 효소는 단백질이며, 단백질은 먹지 않으면 안 되는가. 왜 그럴까?

인간은 식사로 단백질을 섭취해야 한다. 그것은 몸속에서 우리 효소를 비롯한 단백질을 만드는 데 필요한 재료를 얻기 위해서이다. 인간은 단백질의 재료, 즉 아미노산을 먹어야 한다. 아미노산을 섭취하면 단백질을 달리 식사로 섭취할 필요가 없다.

식사로 섭취한 단백질은 아미노산까지 분해되고 몸속으로 운반되어 다시 자신의 단백질을 만든다.

단백질을 구성하고 있는 아미노산은 20종류이지만 그중 어떤 것은 몸 안에서 합성할 수 있다.

그러나 인간은 트립토판, 메티오닌, 리신, 페닐알라닌, 루신, 이소루신, 발린, 트레오닌의 여덟 가지 아미노산은 합성하지 못한다. 그래서 이들 아미노산은 음식에서 섭취해야 한다. 그래서 이들을 '필수 아미노산'이라고 하며, 인간은 필수 아미노산이 풍부한 단백질을 식사로 섭취해야 한다.

예를 들면 어린 쥐를 밀 단백질의 글루텐만을 단백질원으로 해 키우면 잘 크지 않는다. 필수 아미노산인 리신과 트레오닌이 부족하기 때문이다. 그러나 우유의 주요 단백질인 카제인을 같은 양으로 주면 쥐는 잘 자란다. 우유는 매우 뛰어난 단백질원이다.

3. 비타민과 무기물은 효소의 조수

인간은 여러 종류의 비타민과 칼슘 등의 무기물을 먹어야 한다. 비타민 B_1(thiamine)이 부족하면 각기병에 걸리고 근육이 쇠약해지거나 부종이 생긴다. 비타민 B_2(riboflavin)가 부족하면 여러 피부 장해가 일어나거나 눈의 각막에 이상이 생긴다. 비타민 B_6(pyridoxin)가 부족하면 역시 여러 피부병이 생기거나 경련이 생긴다.

코발라민(cobalamin)이라는 비타민이 부족하면 빈혈이 생긴다. 니코틴산(nicotinic acid)이라는 비타민 B 복합체가 부족하면 혀가 검게 되어 염증을 일으키는 '펠라그라(pellagra)'라는 병이 생긴다. 비타민의 일종인 엽산(folic acid)이 부족하면 빈혈이 된다. 그리고 비타민 C(ascorbic acid)가 부족하면 타

박상이나 잇몸 등에서 피가 나기 쉽고 피부병이 낫지 않는다.

이들 비타민은 물에 잘 녹기 때문에 '수용성 비타민'이라고 한다. 한편 물에는 녹지 않는 지용성 비타민으로 A, D, E, K 등이 있다. 역시 부족하면 병이 생긴다. 비타민 A가 부족하면 야맹증에 걸리고, 비타민 D가 부족하면 곱추병에 걸리는 것은 잘 알려져 있다. 한편 무기물, 즉 금속 이온도 없어서는 안 된다. 인간에게는 나트륨, 칼륨, 칼슘, 마그네슘, 철, 구리, 아연 등이 필요하다.

그러나 칼슘이나 철 외에는 보통 식사를 하거나 물을 마시면 보급되기 때문에 일부러 먹을 필요는 없다.

그러나 병으로 설사가 심해져서 몸속의 아연이 빠져 나와 부족 상태에 있으면 발육 장해나 미각 장해가 일어난다. 많은 사람은 구리 이온을 맹독으로 생각한다. 물론 구리를 많이 먹으면 독이지만 실험동물에게 구리를 전혀 주지 않으면 혈관이 약해져서 파열하는 병이 생긴다.

비타민 중에서 수용성 비타민이 부족하면 병이 나는 것은 우리 효소와 큰 관계가 있다. 또, 금속 이온이 필요한 것도 우리 효소와 관계가 있다.

효소의 본체는 단백질이다. 그러나 경우에 따라서는 도움을 줄 수 있는 다른 물질, 즉 조수가 필요한 경우가 있다. 이 조수를 효소의 '보조 인자(cofactor)'라 한다. 그리고 보조 인자는 수용성 비타민 또는 수용성 비타민의 파생물이나 무기물이다.

어떤 보조 인자는 우리 효소와 단단하게 결합하여 효소의 일부가 되어 있는 것이 있다. 이런 것들을 보결분자단(prosthetic group)이라 한다.

예로서 '카탈라아제(과산화수소를 물과 산소로 분해한다)'라는 효소는 '헴'이라는 보결분자단을 갖고 있다.

헴은 철을 함유한 복잡한 물질이다. 헴은 '시토크롬'이란 호흡 사슬('1장-3. 세포에너지 공장의 일꾼' 후반부 참조)의 효소에도 있다. 또, 혈액의 적혈구 성분인 산소 운반 담당 헤모글로빈에도 함유되어 있다. 헴은 이 효소들, 또는 헤모글로빈이 작용하는 데 없어서는 안 되는 물질이다.

그러므로 헴의 재료인 철이 부족하면 장해가 일어난다. 헤모글로빈이 빨간색인 것도 헴 때문이다. 본체인 단백질은 색을 띠지 않는다.

'숙신산 탈수소효소'라는 효소는 TCA 사이클(제1장 3. 세포에너지 공장의 일꾼 참조)의 일원으로, 'FAD'라는 보결분자단이 결합되어 있다.

숙신산 탈수소효소는 숙신산에 수소 원자를 주고받는 역할을 하며, 수소 원자를 주고받는 데 FAD 부분이 중요한 역할을 하고 있다.

인간은 자신이 FAD를 만들 수 없다. 그래서 재료인 '리보플라빈(비타민 B_2)'을 음식에서 섭취해야 한다.

보조 인자가 본체인 단백질에 단단하게 결합되어 있지 않은 경우도 있다. 이런 경우는 '보조 효소(coenzyme)'라고 하며 투석과 같은 조작으로 간단히 본체에서 제거할 수 있다. '2장-3. 효소 이름과 번호'에서 언급한 NAD가 그런 예의 하나이다.

NAD도 수소 원자를 주고받는 일에 관여한다. NAD는 많은 효소의 조수로서 활약한다. '알코올 탈수소효소'도 NAD가 필요하다.

알코올 탈수소효소는 알코올에서 두 개의 수소 원자를 취해 NAD로 전달한다(NAD는 환원된 상태가 된다).

반대로, 환원형 NAD에서 수소 원자를 취한 후 알데히드로 전해 알코올로 변화시키는 반응도 촉매한다.

몸 안에는 NAD의 형제 격에 해당되는 'NADP'라는 보조 효소도 있어서 역시 수소 원자를 주고받는 일에 관여하고 있다. 어떤 효소는 NAD와, 다른 효소는 NADP와 짝을 짓게 되어 있다. 여기에도 특이성이 있다.

인간의 몸에서는 NAD와 NADP를 만들 수 없고, 니코틴산같이 이미 상당히 형태가 갖추어진 재료를 음식에서 섭취해야 한다. 니코틴산은 비타민의 일종이다.

'티아민피로인산'이라는 물질은 피루브산의 탈탄산 반응 등 여러 반응에 보조 효소로서 참가한다. 몸 안에서 티아민피로인산을 만들기 위해서는 티아민(비타민 B_1)을 음식에서 섭취해야 한다.

'피리독살인산'은 아미노산의 합성, 분해에 관여하는 보조 효소이다. 이것을 만들기 위한 재료로서 '피리독신(비타민 B_6)'이 필요하다.

또 코발라민은 '메틸코발라민'의 재료로서, 엽산은 '테트라히드로엽산'이라는 보조 효소의 재료로 사용된다.

이처럼 영양상의 요구로부터 발견된 많은 비타민은 효소의 보조 인자, 또는 보조 효소의 재료이다. 그래서 필요한 것으로 밝혀져 있다.

비타민 C, 즉 '아스코르브산'같이 효소와의 관련만으로는 생리 작용을 충분히 이해할 수 없는 비타민도 있다. 아스코르브산이 부족하면 피하 출혈이나 잇몸 출혈이 생기기 쉬워 괴혈병이 된다. 출혈하기 쉬운 것은 혈관벽에 이상이 생겨 약해지기 때문이다.

혈관벽을 만들고 있는 주요 물질은 '콜라겐'이라는 단백질이다. 그리고 아스코르브산은 콜라겐을 만드는 데 필요한 '프로콜라겐 프롤린, 2-옥소글루타르산 4-이산소화효소'와 '프로콜라겐-리신, 2-옥소글루타르산 5-이산소화효소'의 보조 효소로서 작용하고 있다.

그러나 다른 보조 효소의 경우와 달리 이 경우에는 아스코르브산에 특정되지 않는다는 견해가 있다. 또, 다른 통로로 콜라겐의 합성에 작용하고 있는 것을 나타내는 실험 결과도 있다.

아스코르브산은 감기나 암에 효과가 있다고 하는 유명한 폴링(L. C. Pauling) 박사의 설도 있다. 우리 효소 중에는 보조 효소로서 금속 이온을 필요로 하는 것이 있다. 여기에는 칼륨, 마그네슘, 몰리브덴, 망간, 칼슘, 철, 구리, 아연 등이 알려져 있다.

이들 금속 이온은 본체인 단백질에 느슨하게 결합한 경우도 있고 단단하게 결합하여 간단히 떨어지지 않는 경우도 있다. 헴의 일원으로서의 철의 역할은 이미 살펴보았다.

금속 이온을 필요로 하는 효소로 '알코올 탈수소효소'는 아연을, '글리코겐 가인산분해효소'는 마그네슘을 필요로 한다. '아르기닌 가수분해효소'는 망간을, '모노페놀 일산소화효소'는 구리가 필요하다.

마지막으로 칼슘에 대해 알아보자. 일본인은 칼슘이 부족하다는 소리가 많다. 특히 한참 성장하는 어린이와 노인의 칼슘 부족이 문제가 된다.

칼슘은 뼈나 이의 재료이다. 칼슘이 부족하면 어린이의 뼈나 이의 발육이 늦어지며, 노인의 경우는 뼈가 물러지는 골다공증에 걸린다. 칼슘은 튼튼한 뼈나 이의 재료로서 중요할 뿐만 아니라 세포의 여러 활동의 조절 인자로서도 중요하다. 그래서 혈액 중의 헴은 항상 높은 농도로 유지되고 있다.

만약 칼슘이 부족하면 뼈를 녹여 혈액 속의 칼슘을 보충한다. 그러므로 칼슘이 부족하면 이미 만들어진 어른의 뼈가 녹아 부러지게 되고 만다.

혈액 중의 칼슘 농도에 비해 세포 속의 칼슘 농도는 훨씬 낮아 세포 밖의 100분의 1 이하로 유지되고 있다. 밖에서 자극이 오면 지금까지 낮게 유지되고 있던 칼슘 농도가 한꺼번에 올라간다. 그 메커니즘에 대해서는 '4장-4. 단백질 가수분해효소의 관리'에서 설명하였다.

칼슘의 농도가 올라가면 여러 효소의 활동이 변화한다. 이 조절에는 '칼모듈린'이라는 단백질이 관여하고 있다. 칼모듈린은 칼슘과 결합하는 단백질이다. 칼슘이 결합하면 칼모듈린의 입체 구조에 변화가 일어나 효소와 결합하게 된다.

그 결과 효소의 촉매 작용이 크게 변한다. 이같이 칼모듈린을 통해 칼슘에 의해 조절받는 효소 무리가 계속해서 발견되고 있다. 예로서 가인산분해효소 키나아제('4장-3. 효소는 호르몬의 신호를 받아 움직인다' 참조)도 그중 하나이다.

6장 효소와 건강은 깊은 관계 (1)

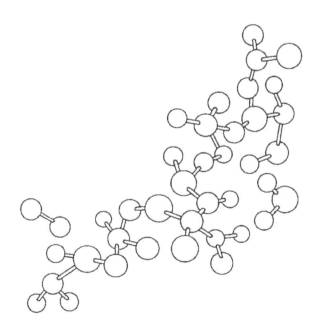

1. 효소와 술

"웬일이냐 애비야. 요새 원기가 없어 보인다."

시어머니가 타로 씨에게 말했다. 오늘은 일요일, 타로 씨는 모처럼 집에 있다. 늦게까지 자고 이제 막 아침 겸 점심 식사를 하려는 참이다.

"예, 피곤해요."

타로 씨가 답했다.

"이 사람은 항상 피곤해요."

하나코 씨가 말했다.

"어디가 안 좋은 것 아니니? 의사에게 진찰 한번 받아 봐."

시어머니가 말했다. 어머니는 자식이 몇 살이 되든 자식의 건강이 걱정이다.

"얼마 전에 회사 진료소에서 정기 건강진단을 받았어. 그 결과가 엊그제 나왔는데 간장에 이상이 있대. 위에도 가벼운 궤양이 생겼다는구만."

"저런, 정말?"

하나코 씨가 깜짝 놀란다.

"전혀 몰랐네. 뭐 얘기를 해야 말이지."

"바빠서 얘기할 시간이 없었어."

"몸을 돌보지 않으면……."

하나코 씨는 서둘러 걱정을 시작한다.

被検者名 山田太郎殿

1 血液型 ABO [B] Rh [十]

2 尿検査

比重	1.027	
pH	5	
蛋白	(一)	mg/dl
糖	(一)	mg/dl
ウロビリノーゲン	(正常)	
潜血	( )	

#1沈	赤血球	/ 1-3	視野
	白血球	/ 5-6	視野
	上皮	/ 5-6	視野
	扁平 紡錘 小円 多角		
	円柱	/	視野
沈	硝子 顆粒 赤血球 白血球		
	結晶	一	
	細菌	一	
粘液	十	

3 便検査

虫卵	洗沈 ( ) 集卵
潜血 #2	1.( ) 2.( )

4 血清検査

渡菜法	(判定保留)
ガラス板法	(陰性)
TPHA	(陰性)
HB抗原	陰性
CRP	(一)
RA	(一)
ASO	125 Todd

5 血沈検査

1時間値	4	mm

6 細胞診 (子宮)(喀痰) #3

Class	1 2 3 4 5
卒概細胞診	(1) 2 3 4 5

#1. 蛋白, 潜血反応, 陰性なれば省略可.
#2. 2回実施が好ましい.
#3. ヘビースモーカーでは実施が好ましい.

7 血液算定検査　　施設正常値

白血球数	5700.	/mm³	.
血色素量	15.6	g/dl	.
ヘマトクリット	45.1	%	.
赤血球数	492	10^4/mm³	.
MCV	91.3	μ^3	.
MCH	31.6	rr	.
MCHC	34.6	%	.
血小板数	23.4	10^4/mm³	.
血液像		%	
	揮状核球	1.	%
	分葉核球	86.	%
	好酸球	1.	%
	好塩球	0.	%
	単球	2.	%
	リンパ球	10.	%
			%
備考			

8 生化学検査

総蛋白	6.0	g/dl
A/G	1.6	
アルブミン	4.2	g/dl
尿素窒素	20.1	mg/dl
クレアチニン	1.1	mg/dl
尿酸	5.7	mg/dl
総コレステロール	154.	mg/dl
HDL-コレステロール	34.6	mg/dl
中性脂肪	82.	mg/dl
総ビリルビン	1.4	mg/dl
TTT	6.5	単位
ZTT	9.1	単位
GOT	11.	RFU U/L
GPT	17.	RFU U/L
LDH	158.	IU U/L
γ-GTP	12.	mU/dl
Al-P	4.7	KAU
LAP	116	IU
Fe	154	mg/dl

〈그림6-1〉 정밀 건강진단 결과표

"다이스케는 아직 몇 살 안 됐지, 생명보험은 몇 푼밖에 들어 있지 않지. 애 아빠한테 당분간 의지해야 하는데, 건강진단 결과서 좀 보여줘요."

"응."

타로 씨는 어쩔 수 없이 젓가락을 놓고 검사 결과서를 가지러 갔다.

"봐, GOT, GPT가 높대."

"글쎄, 모르겠는데."

GOT, GPT는 우리 효소이다.

"술을 너무 마시지 않느냐는 소리를 들었지만 나는 술을 많이 마시지 않는데……."

타로 씨가 말했다.

"며느리는 그렇게 마시는데도."

시어머니가 빈정거렸다.

"멀쩡해."

"멀쩡해서 죄송합니다."

하나코 씨가 삐쭉거렸다. 하나코 씨는 가끔 친구들과 술을 마시러 가서 가라오케를 즐긴다. 시어머니한테는 감추지만 다 알고 계시다.

"날 때부터 술에 강한 사람, 약한 사람이 정해져 있어요."

타로 씨가 말했다.

"맞아."

우리 효소는 소리를 질렀다. 거기에도 우리 효소가 크게 관계하고 있다.

확실히 같은 양의 술을 마셔도 많이 취하는 사람과 그다지 취하지 않는 사람이 있다. 술에 강하고 약하고는 인종에 따라 달라서 일본인은 백인보다 술에 약하다.

술을 마시면 알코올 성분인 에탄올의 약 20%는 위에서, 나머지 80%는 소장에서 흡수되어 간장으로 보내진다.

간장은 알코올의 처리장이다. 간장에는 알코올을 처리하는 시스템이 둘 있다. 주요 시스템은 약 70~80%의 알코올을 처리하며, '알코올 탈수소효소'라는 효소가 작용하여 알코올을 아세트알데히드로 바꾼다.

이 반응은 알코올에서 수소 원자를 제거하는 탈수소 반응으로, 수소 원자는 NAD로 전달된다('2장-3. 효소 이름과 번호' 참조).

아세트알데히드는 '알데히드 탈수소효소'라는 효소에 의해 아세트산으로 바뀐다. 아세트산은 마지막으로 이산화탄소와 물이 된다. 술을 마셨을 때 몸에 나타나는 증상은 에탄올의 직접 작용에 의한 것도 있지만 중간 생성물인 아세트알데히드의 작용에 의한 것이 많다.

즉 아세트알데히드는 독 작용이 많아서 얼굴이나 몸에 생기는 붉은 반점, 매슥거림, 구토, 두통 등을 일으킨다. 즉 술에 약한 사람, 마시면 불유쾌한 증상이 생기는 사람은 아세트알데히드가 잔뜩 만들어져 있기 때문이다.

아세트알데히드가 많이 만들어지는 원인은 주로 알데히드 탈수소효소의 작용이 약해서이다. 약간 마신 술에서 생긴 아세트알데히드도 처리할 수 없어서 몸 안에 쌓이기 때문이다. 일본인은 이 효소의 유전자에 결손이 있는 사람이 많고 서양인은 별로 없다.

간장에는 또 다른 알코올 처리 시스템이 있다. 여기서 알코올의 20~30%를 처리하고 있다. 이것은 간장 세포의 '마이크로솜 (microsome)'이라는 소기관에 있는 에탄올 산화계로 그 본체는 'P450'이라는 효소이다. P450은 에탄올뿐만 아니라 여러 약물이나 식품 첨가물 등을 처리한다. 즉 해독 기구 중 하나이다.

P450계의 특징은 상황에 따라 강화되는 점이다. 즉 술을 많이 마시면 P450계가 강화된다. 많이 마시면 10배까지 강화된다고 한다. 마찬가지로 약을 많이 먹어도 P450은 강화된다.

술을 많이 마시면 P450계가 강화되어 약을 빨리 처리하고 말아 약 효과가 없어진다고 한다. 또, 약을 술과 함께 마시면 P450이 알코올 처리에 열중한 나머지 약의 처리가 늦어져 약이 지나치게 들어 해를 입는 일도 있다고 한다.

2. 효소와 간장병의 진단

간장은 알코올을 처리하는 가장 중요한 기관이다. 술을 매일 많이 마시면 간장에 장해가 일어난다. 한 통계에 의하면 간장병으로 입원한 환자 중 25%가 상습 음주자, 10%가 다량 음주자라고 한다. 나머지는 바이러스나 약이 원인이 된 경우다.

이 경우 상습 음주자란 하루에 청주로 환산하여 3홉 이상을 5년 이상 계속 마신 사람을 말한다. 그런 사람에 비하면 하나코 씨가 마시는 술은 아무것도 아니다.

간장에 이상이 있는가, 없는가 검사하는 유력한 방법으로 혈액 속의 효소를 측정하는 방법이 있다. 이것이 GOT라든가 GPT이다. 혈액 속에는 많은 효소가 존재한다. 그중에는 혈액에만 존재하는 것도 있으나 여러 장기에서 나오는 것도 있다. 그중에는 장기가 분비한 것도 있지만 장기 조직이 파괴되어 나오는 것도 있다.

혈액에 효소가 이상 증가하였을 때는 어느 장기가 손상되어 분비 이상이 일어났다는 적신호이다.

어떤 효소가 특정 장기에만 존재한다면, 그 장기의 이상을 체크하기에 매우 편리하다. 혈액 속 특정 효소의 레벨과 특정 장기의 이상 사이에 강한 관계를 나타내는 경우도 특정 장기의 진단에 사용할 수 있다. 간장의 검사에 사용되는 GOT, GPT가 그 예다.

GOT는 glutamic-oxaloacetic transaminase(옥살로초산 아미노기 전이효소)의 약자이고 GPT는 glutamic-pyruvic transaminase(피루빈산 아미노기 전이효소)의 약자이다. 두 효소 모두 아미노산의 대사에 관여한다.

이 두 효소 모두 정상 상태에서는 세포의 내부에 있다. 그래서 혈액에 나오는 양은 매우 적다. 간장이 염증을 일으키거나 세포가 파괴되면 혈액에도 나와서 양이 부쩍 늘어난다. 그러나 GOT, GPT 모두 간장 이외의 장기에도 있기 때문에 GOT, GPT가 상승하였다고 하여 바로 간장에 이상이 있다고 할 수는 없다. 예를 들면 심근경색의 경우도 GOT가 상승한다. 그러므로 다른 검사 결과와 함께 판단해야 한다.

또, γ-GPT도 알코올성 간장 장해나 만성 간장 장해 시에 상승하므로 간장 장해의 체크에 사용되고 있다. 물론 다른 장기의 체크에 사용되는 효소도 있다.

예로서 α-아밀라아제는 췌장에서 분비되며, 급성 및 만성 췌장염이 되면 혈액 속의 양이 증가하고, 췌장 위축일 때는 저하한다.

3. 효소와 위

점심때가 지나서 근처에 살고 있는 노부코 씨가 놀러 왔다. 하나코 씨와 같은 나이이고 친한 사이다. 맛집에 자주 같이 가는 사이다. 그러나 지금은 낮이기 때문에 과자를 먹으며 이야기를 나누었다.

시어머니는 낮잠을 자고 있는지 나오지 않는다. 애들 얘기, 여행 얘기, 양복 얘기 등 두 사람의 얘기는 두서가 없다. 그러다가 남편의 건강 얘기가 나왔다.

"우리 양반은 간장이 나쁜가 봐요. 그리고 위도 나쁘대. 바깥양반은 괜찮대요?"

하나코 씨가 물었다.

"우리 양반도 위가 좋지 않아요. 감기 걸렸다고, 스트레스가 생겼다고 약만 먹어요. 나는 약을 너무 먹어서 위가 나빠졌다고 생각하는데."

"그래요."

"그래도 다이스케 엄마는 튼튼하네요. 여자가 더 강하죠."

"그런지도 몰라요."

두 사람은 함께 웃었다.

위는 인간의 몸 중에서 매우 신비한 능력을 지닌 장기다. 예를 들자면 고기를 먹으면 위 안에서 소화되어 죽같이 된다. 이것은 위가 분비하는 '펩신'이라는 효소에 의해서다('1장-2. 위속, 입속부터' 참조).

곱창집에 가면 돼지 위를 먹게 된다. 삶은 돼지 위는 역시 다른 고기와 같이 위 안에서 녹아 죽같이 된다. 그런데 살아 있는 위는 어떻게 하여 녹지 않는 것일까?

위가 어째서 자기 자신을 녹이지 않는가 하는 것은 많은 학자들의 흥미를 끌어 많이 연구되었다. 그중 중요한 이유는 다음과 같다.

첫째, 위에서 나오는 점액이 위의 표면을 싸서 펩신과 직접 닿는 일이 없게 한다. 둘째, 위의 표면 세포는 수일간밖에 살지 못하고 벗겨져 나가 새로운 세포로 바뀐다. 항상, 이렇게 빨리 새 세포로 바뀌는 장기는 몸 안에 별로 없다.

뇌세포는 어른이 되고 나서는 분열도 하지 않고 전혀 바뀌지 않는다. 죽어도 보충되지 않는다. 그러나 위 조직은 상처가 좀 나도 바로 새 세포가 만들어지기 때문에 바로 수복된다.

또 위의 조직은 모세혈관이 잘 발달하여 영양분이나 산소를 충분히 공급하고, 도움이 안 되는 물질은 혈관을 통해 신속히 제거하는 능력이 있어 자체 유지를 한다.

그러나 이런 방어 기구도 절대적인 것은 아니다. 스트레스나 약, 기타 여러 원인으로 방어 기구가 무너지는 일이 있다. 그렇게 되면 위의 조직이 파괴되어 위궤양이 된다.

위의 점액은 '뮤신(mucin)'이라는 당단백질이 주성분이다. '당단백질'이란 단백질 사슬에 당 사슬이 결합한 것이다. 뮤신의 경우 마치 지네 다리, 아니 고슴도치처럼 많은 당 사슬이 단백질 심(芯)에 붙어 있다. 무게의 약 80%는 당이 차지한다.

이같이 많은 당 사슬이 붙어 있기 때문에 펩신은 뮤신 속에 들어 있는 단백질 심을 분해할 수 없다. 이 뮤신이 위벽을 싸서 펩신으로부터 보호하고 있다.

가정에서 많이 사용하는 '아스피린'이 위를 아프게 하는 것은 잘 알려져 있다. 인간뿐만 아니라 쥐에게 아스피린을 주어도(체중 1㎏당 100~300밀리그램) 수 시간 안에 위의 표면이 문드러진다. 계속 매일 한 번씩 주면 사람의 만성 위궤양과 비슷한 증상을 만들 수 있다.

아스피린이 위점액, 즉 뮤신을 변성시키기 때문에 위를 아프게 하는 것 같다.

또 아스피린이 '프로스타글란딘(prostaglandin)'이라는 물질의 합성을 저해하는 것도 원인이라 한다. 프로스타글란딘은 지방산의 일종으로 매우 적은 양으로 여러 생리 작용을 나타낸다. 위에 대해서도 뮤신의 분비를 촉진하거나 혈액 순환을 좋게 하는 작용을 하고 있다.

프로스타글란딘을 만드는 것은 물론 시클로산소화효소라는 효소이다. 아스피린은 시클로산소화효소의 작용을 저해하는 적이다. 프로스타글란딘 무리의 물질이 위궤양의 약으로서 개발되고 있다. 지금 위궤양 약으로 평판이 높은 것은 'H_2 브로커'라는 것으로 염산의 분비를 저지하는 작용이 있다.

펩신은 우리 효소 중에서도 특수하여 강한 산성 조건에서만 작용한다. 그러므로 염산이 분비되지 않으면 펩신이 작용하지 않아 위가 파괴되지 않는다. 물론 잘못 사용하면 소화 불량이 된다.

4. 효소와 담배

"담배 좀 피워도 돼요?"

노부코 씨가 물었다. 아까부터 멈칫거린 것은 담배를 피우고 싶었기 때문이다.

"괜찮지만 우리 집에는 피우는 사람이 없기 때문에 재떨이가 없어요."

하나코 씨가 말했다.

"괜찮아요. 이것을 쓸게요."

노부코 씨는 부엌 귀퉁이에서 주스 깡통을 찾아냈다.

"이 집은 바깥양반도 안 피우는군요."

"그래요. 전에는 피웠는데 못 피우게 했어요. 몸에 좋지 않으니까."

"그래요. 좋지 않은 것 같아요."

하나코 씨가 말했다.

"그래요. 폐가 상하거나 폐암이 되지요."

"그렇긴 한데, 끊을 수가 없어요."

말하고 노부코 씨는 담배를 맛있게 빨았다가 연기를 품어낸다.

"게다가 담배를 끊으면 나는 뚱뚱해지고 말아. 뚱뚱해지느니 일찍 죽는 게 나아요."

노부코 씨는 말하고 나서 하나코 씨의 몸이 생각났다.

"아, 미안해요"

하고 사과하였다.

담배를 너무 피우면 폐 조직이 파괴되는 일이 자주 있다. 이를 폐공기증이라 하며 백혈구 속에 있는 '엘라스틴 가수분해효소'라는 효소와 관계가 있다.

백혈구는 혈액 속에 있는 세포이다. 백혈구에는 여러 종류가 있다. 임파구에 있는 것은 면역과 관계가 있다.

또, 다형핵(多形核) 백혈구, 단구(單球) 등도 백혈구 무리인데 이들은 몸에 침입한 세균 등의 이물을 먹어치우므로 '식세포'라고 한다. 다형핵 백혈구는 다시 호중구, 호산구, 호염기구 등으로 나뉜다. 세균 감염 시의 주역은 호중구이다.

호중구 중에는 '엘라스틴 가수분해효소'가 있다. 엘라스틴 가수분해효소는 엘라스틴을 분해하는 작용을 한다(췌장에도 있어서 이름이 여러 번 등장하였으나 기질 특이성 등은 서로 다르다).

'엘라스틴'이란 섬유상의 단백질로 탄력성이 있어서 고무같이 늘어났다 줄었다 하는 성질을 갖고 있다. 몸의 기관 중 탄력성을 필요로 하는 여러 기관에는 엘라스틴이 대량으로 들어 있다.

예로서 대동맥 벽은 심장이 혈액을 보낼 때마다 늘어났다 줄었다 한다. 관절의 인대는 운동 시 신장 수축한다. 폐는 호흡할 때마다 신장 수축한다. 폐나 인대나 대동맥 벽에는 엘라스틴이 대량으로 있어서 기관에 탄력성을 주고 있다.

그럼 담배를 피우면 어떻게 되는가? 담배 연기 속에는 호중구를 불러내는 작용을 하는 성분이 있다. 담배 연기에 불려 나온 백혈구가 폐에 모여들어 갖고 있는 엘라스틴 가수분해효소를 방출한다.

원래 우리 몸에는 단백질 가수분해효소가 조직을 제멋대로 파괴해 버리지 못하도록 하는 방어 기구가 존재한다. 폐에는 'α_1-단백질 가수분해효소 저해제'라는 단백질이 엘라스틴 가수분해효소에 결합하여 작용을 억제하고 있다.

폐 조직 중에 α_1-단백질 가수분해효소 저해제가 정상적으로 작용하고 있으면 백혈구가 엘라스틴 가수분해효소를 약간 방출하여도 상관이 없다.

그러나 담배 연기는 α_1-단백질 가수분해효소 저해제를 파괴하여 작용하지 못하게 한다. 담배 연기는 α_1-단백질 가수분해효소 저해제 속의 '메티오닌'이라는 아미노산을 산화하여 엘라스틴 가수분해효소를 억제하는 작용을 잃게 만든다.

5. 효소와 선천성 대사 이상

"고바야시 씨가 애를 낳았대요."

노부코 씨가 얘기를 돌렸다.

"그래요? 남자? 여자?"

"남자. 그런데……."

"그런데라니, 뭐가 어째서?"

하나코 씨가 몸을 피면서 말했다.

"저, 병이 있대요. 선천적인."

"야, 큰일이네."

"애기가 태어나면 오줌을 검사하잖아요. 그래서 발견했대. 페닐케톤뇨증이라는 병이래요."

"그래요? 어떤 병인데."

"몰라요."

이처럼 우리 효소는 생명의 담당자이다. 우리 효소는 단백질로서 유전자의 정보에 의해 만들어진다.

만약 유전자에 무슨 문제가 있으면 정상적인 효소가 만들어지지 않기 때문에 몸에 이상이 생긴다. 이런 병을 '선천성 대사 이상'이라 한다.

역사적으로 유명한 것은 '알캅톤뇨증'으로 마치 잉크같이 검은 오줌이 나오는 증상을 나타낸다. 즉, 페닐알라닌을 분해하는 '호모겐티스산 산소화효소'의 유전자에 이상이 생겨 대사되지 않은 채로 오줌 속에 대량으로 배설된 호모겐티스산이 산화되어 검은 색이 된다.

선천성 대사 이상증 중에서도 페닐케톤뇨증은 갓난아이 2만 명당 1명 정도로 많다. 이 병도 페닐알라닌 대사 이상에 의한다.

대사 경로의 첫 단계의 페닐알라닌을 티로신으로 바꾸는 '페닐알라닌 일산소화효소'의 유전자에 이상이 있기 때문이다. 그래서 페닐알라닌의 농도가 이상 증가하고 만다(그림 6-2).

이 병에서 페닐알라닌은 비정상적인 경로로 대사되어 페닐피루브산이 된다. 그 결과 오줌에서는 쥐 오줌 같은 냄새가 난다. 환자의 오줌에 염화제이철이라는 시약을 가하면 녹색이 되기 때문에 바로 진단할 수 있다.

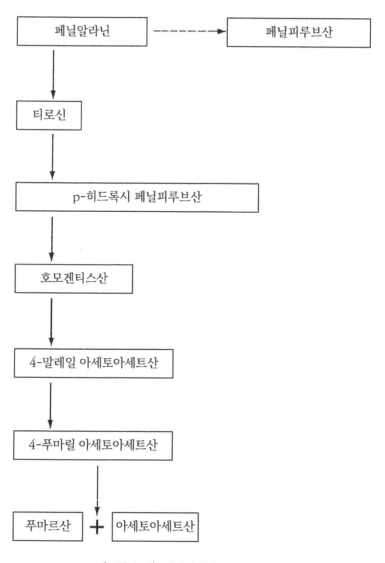

〈그림 6-2〉 페닐알라닌의 대사 경로

페닐케톤뇨증의 아기를 그대로 놔두면 지능 발육이 늦어진다. 그래서 이 병인 줄 알면 페닐알라닌을 필요 이상 함유하지 않은 우유로 키워야 한다. 성장하면 페닐알라닌을 먹어도 된다.

'갈락토오스 혈증'이라는 선천성 대사 이상증은 'UDP-글루코오스 헥소오스-1-인산우리딜일 전달효소'의 결손으로 일어난다.

이 효소는 소아기의 갈락토오스라는 당의 대사에 중요하며, 이 효소가 결손되면 혈액 속의 갈락토오스 농도가 이상 증가한다.

이 병은 정신 장애와 백내장을 일으키기 때문에 갈락토오스를 주면 안 된다. 사춘기를 넘으면 갈락토오스를 대사하는 다른 효소가 나타나 문제없게 된다.

훨씬 무서운 병이 있다. '테이-삭스병(Tay-Sachs disease)'은 'β-N-아세틸 핵소사미니드 가수분해효소'라는 효소의 선천적 결손으로 일어나는 병이다. 어느 당지질이 대뇌에 고여서 일어나는 뇌의 장해로 두세 살에 죽는다.

인간은 오랫동안 이들 선천성 대사 이상증에 대해 근본적인 치료법을 찾아내지 못했다. 그러나 최근의 생명 과학의 눈부신 발전에 의해 근본적으로 치료할 수 있는 가능성이 생겼다. 하나는 유전공학적인 방법이고 다른 하나는 효소 보충법이다.

유전자 공학은 눈부시게 발전하여 특정 유전자 즉, DNA 사슬 조각을 빼거나 연결하거나 늘리거나 구조를 해석할 수 있게 되었다. 물론 이 기술에 큰 공헌을 한 것도 우리 효소이다.

이 방법을 사용하여 유전병의 원인, 즉 어떤 유전자에 어떤 변이가 일어나고 있는가가 밝혀지고 있다. 그리고 결손이 있는 유전자 대신 정상 유전자를 도입하려는 시도도 이루어지고 있다. 물론 쥐 등의 실험동물을 사용해서 말이다.

유전공학적 방법은 인간에 대해서는 아직 실용 단계는 아니다. 기술적으로 가능하게 되었다 하더라도 자손에게까지 영향을 미칠 수 있기 때문에 유전자를 도입하는 데에는 반대의 의견도 있다.

결손된 효소를 보충하려는 시도도 있다. '5장-2. 효소의 재료를 먹을 필요가 있다'에서 언급한 바와 같이 효소 무리를 먹어도 몸에는 들어가지 않는다. 주사 등으로 체내에 주입하여도 목적하는 조직 세포까지 도달하지 못하고 바로 파괴되어 버리거나 면역 반응을 일으킨다.

그러나 단념할 수는 없다. 여전히 다양한 연구가 진행되고 있다. 여기에 대해서는 '9장-2. 효소와 의약품' 후반부에서 다시 살펴본다.

7장 효소와 건강은 깊은 관계 (2)

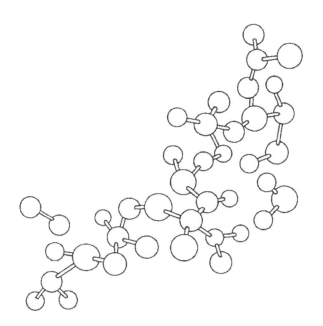

1. 효소와 암유전자

오늘은 타로 씨가 집에 일찍 돌아왔다. 거실에 털썩 주저앉았으나 아무래도 얼굴색이 심상치 않다.

"무슨 일이예요?"

하나코 씨가 물었다.

"S가 입원했어. 충격받았어."

"S씨? 당신과 동기인 사람?"

"그래."

"일찍 과장이 된 사람 말이죠?"

"응."

"어디가 나쁘대요?"

"암이래."

"아이구, 큰일이네."

"응……."

"생명보험에는 들어 있는지 모르겠네."

"이봐, S는 아직 죽지 않았어."

"그러네요."

암은 무서운 병이다. 일본인의 사망 원인 중 첫 번째를 차지한다. 암은 세포가 고장 나서 생긴 것이다. 인간의 몸은 많은 세포로 만들어져 있으며, 정상 세포는 제멋대로 분열 증식하지 못하도록 조절되고 있다.

간장 세포도 신장 세포도 일정 크기를 가지고 있으며, 간장 세포 일부를 끊어 내면 없어진 부분을 보충하려고 세포가 증식하지만 원래와 같은 크기가 되면 멈춘다.

그러나 세포가 고장 나서 조절할 수 없게 되어 계속 커지는 경우가 있다. 이것이 암이다. 많은 경우 암은 단지 세포 하나가 고장 나서 시작되는 것으로 여겨진다.

암화(癌化)는 화학 물질, 바이러스, 방사선 등이 일으킨다.

암을 생기게 하는 바이러스는 둘 내지 셋의 유전자를 갖고 있는 데 불과하며 그중 한 개가 암을 일으키는 것으로 밝혀졌다. 이것이 암유전자(oncogene)이다. 인간에게 발생한 암세포에서도 비슷한 성질의 암유전자가 발견되었다. 현재까지 약 100종의 암유전자가 발견되었다.

놀랄 일이지만 암유전자와 매우 비슷한 유전자가 정상 세포에도 있다. 이 결과는 원래 동물 세포가 갖고 있던 유전자를 바이러스가 받아들인 것으로 볼 수 있다. 암유전자는 본래 세포에서 중요한 작용을 했을 것이다. 정상 세포의 암유전자는 '프로토온코진(proto-oncogene)'이라 한다.

암유전자가 만드는 단백질을 조사해 보면 몇 개의 그룹으로 나눌 수 있다. 그중 하나는 효소로 단백질을 인산화하는 단백질 키나아제(4장-3. 효소는 호르몬의 신호를 받아 움직인다 참조)의 작용을 갖고 있다.

단백질 키나아제는 세포 표면의 막이 세포 성장 인자나 호르몬 등의 외계 신호를 잡아서 세포 속으로 전달하는 데 작용한다.

단백질 키나아제가 효소의 몸을 인산화하여 촉매 활성을 조절한다. 즉 단백질 키나아제는 세포의 정보 전달의 주역이다. 여기에 이상이 생기면 암이 생기기 쉽다.

이 그룹 이외의 암유전자도 역시 세포의 정보 전달에 관련된 단백질 유전자이다.

암유전자와 정상 세포 프로토온코진의 유전자를 살펴보면 매우 작은 차이밖에 없다. 그러나 약간의 유전자 변이라도 거기에서 생기는 단백질은 기능적으로 커다란 차이가 나타난다.

예로서 암유전자가 만드는 단백질은 단백질 키나아제 활성이 매우 높거나 신호를 무시하여 세포를 제멋대로 증식시키기도 한다.

2. 효소와 암의 전이

암세포의 또 하나의 특징은 전이이다. 즉, 암세포는 발생한 장소에서 나와 멀리 떨어진 다른 조직으로 이동하며 거기서 다시 더 증식해 덩어리를 만드는 성질이 있다. 암이 무서운 것은 이 전이성이다. 전이만 없으면 외과적 처치나 방사선 요법 등으로 암을 완전히 치료할 수 있다.

암세포가 전이할 때는 먼저 주위 조직을 먹어치워 없애고 이동한다. 이때 '기저막'이라는 막상 구조체의 장벽을 파괴하여 뚫고 나온다(그림 7-1).

그리고 모세혈관이나 림프관 속으로 파고들어 간다. 혈액과 함께 몸속을 돌아다니며 다른 조직에 도착한다. 거기서 다시 모세혈관벽을 먹어치우고 밖으로 튀어나간다.

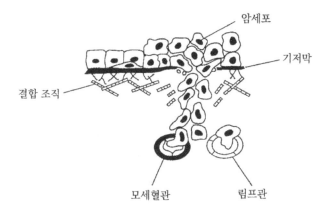

〈그림 7-1〉 암의 전이

즉, 암세포는 결합 조직이나 기저막을 파괴하는 성질이 있으며 이것이 전이와 깊은 관계가 있다. 파괴에는 단백질 분해효소가 관여한다.

결합 조직이나 기저막 중에는 '콜라겐'이라는 단백질이 대량으로 존재하고 있다. 조직이나 기저막 파괴는 콜라겐의 파괴에 주원인이 있다.

콜라겐은 특수한 입체 구조를 갖는 단백질로, 원칙적으로 보통의 단백질 가수분해효소는 콜라겐을 분해하지 못한다. 콜라겐을 분해할 수 있는 것은 특별한 단백질 가수분해효소인 '콜라겐 가수분해효소'이다.

얘기가 복잡해지지만 콜라겐에는 여러 종류가 있다. 보통 결합 조직의 주성분은 'Ⅰ형 콜라겐'이다. 한편 기저막의 주성분은 'Ⅳ형 콜라겐'이다.

Ⅰ형 콜라겐을 분해하는 콜라겐 가수분해효소는 Ⅳ형 콜라겐을 가수분해할 수 없다. Ⅳ형 콜라겐은 'Ⅳ형 콜라겐 가수분해

효소'가 분해한다. 즉 전문이 따로 있다. 그리고 암세포는 Ⅳ형 콜라겐 가수분해효소와 보통 콜라겐 가수분해효소 모두 다 생산 분비한다. 그중에서도 Ⅳ형의 활성이 암 전이력과 밀접한 관계를 갖고 있다. 좀 더 복잡한 얘기가 되지만 세포에서는 콜라겐 가수분해효소든, Ⅳ형 콜라겐 가수분해효소든 활성이 없는 형태로 분비된다.

먼저 활성이 없는 형태로 생산 분비되어 다른 단백질 가수분해효소의 작용을 받아 활성이 있는 형태로 변환된다. 이 점에서는 '4장-4. 단백질 가수분해효소의 관리'에서 언급한 트립신, 키모트립신, 엘라스틴 가수분해효소 등의 경우와 비슷하다.

Ⅳ형 콜라겐 가수분해효소의 경우, '플라스민(plasmin)'이라는 단백질 가수분해효소의 도움으로 활성이 있는 형태로 변한다. 이 플라스민은 원래 활성이 없는 '플라스미노겐'이라는 형태로 존재하고 있다. 플라스미노겐을 플라스민으로 바꾸는 데는 '플라스미노겐 활성 인자'가 필요하다. 플라스미노겐 활성 인자도 효소이다.

그리고 암세포의 대부분이 플라스미노겐 활성 인자를 많이 생산하는 것으로 밝혀졌다.

즉, 플라스미노겐 활성 인자→플라스미노겐→ Ⅳ형 콜라겐 가수분해효소라는 단계식 증폭 기구('4장-3. 효소는 호르몬의 신호를 받아 움직인다' 참조)가 암의 전이와 중요한 관계를 갖고 있다.

3. 효소와 노화

　오늘도 노부코 씨가 왔다. 시장에 같이 가자고 하기 위해서다. 그러나 하나코 씨가 같이 차를 마시자고 하자 올라앉아 차를 마시며 얘기를 시작하였다. 시어머니가 나왔다.

　"어머, 아주머니 안녕하세요."

　노부코 씨가 정답게 말했다.

　"건강하세요?"

　"나이 먹어서 벌써 다됐어."

　시어머니가 답했다.

　"뭐든지 다 끝이야. 나이를 먹으면 재미있는 것이 하나도 없어."

　"그래요?"

　노부코 씨가 난처한 얼굴을 하였다. 그리고

　"정말, 나이는 먹고 싶지 않아. 나도 봐, 이렇게 주름이 생겨서……."

　눈가를 누르며 하나코 씨를 향해 말했다.

　"나도 그래. 주름투성이야."

　하나코 씨도 자기 얼굴을 눌렀다.

　"어째서 나이를 먹을까?"

　"싫어."

어째서 나이를 먹는지는 우리도 잘 모른다. 그러나 노화와 효소는 당연히 중요한 관계를 갖고 있다.

노화는 어째서 일어나는가? 즉 노화의 원인에 대해서는 여러 설이 있다. 이에 대해 자세한 것은 전파과학사의 『노화는 왜 일어나는가』를 읽기 바란다.

'프로그램설'이라는 것이 있다. 인간은 태어날 때부터 노화하여 죽어가도록 프로그램 되어 있다는 설이다. 인간은 한 개의 수정란에서 발생해 분열을 반복하며, 세포가 여러 가지로 분화해 태아가 생겨 이윽고 태어난다.

갓난아기는 성장하여 유아→소아→사춘기를 거쳐 어른이 된다. 이런 과정이 인간의 몸에 프로그램 되어 있는 것은 의심할 바 없다. 이의 연장으로서, 노화→죽음이 프로그램 되어 있다는 설이다.

그러나 구체적으로 어떤 메커니즘인지는 잘 모른다. 여러 가지 가능성이 있을 것이다. 그러나 어떤 메커니즘이든 효소가 중요한 역할을 하고 있다고 보아야 한다.

한편, 여러 사고나 트러블에 의한 상해가 쌓여 노화가 일어난다는 설도 있다. 사고나 트러블의 원인은 여러 가지가 있으나 최근 많이 거론되고 있는 것은 '활성산소'이다.

효소가 인간에게 필수 불가결한 것이라는 점은 말할 필요도 없다. 살기 위해 필요한 에너지의 대부분을 '호흡 사슬'이라는 시스템에서 만들고 있으나 여기에는 효소가 필요하다('1장-3. 세포에너지 공장의 일꾼' 후반부 참조). 호흡 사슬이 멈추면 인간은 바로 죽게 된다. 그러나 호흡 사슬에서 산소의 일부는 잘 이용되지 못하고 반응성이 강한 활성산소가 생기고 만다. 활성

산소는 DNA, 세포막, 단백질 등 몸의 중요한 성분을 공격하여 상해를 입힌다.

또 백혈구는 몸속에 침입한 세균을 죽이기 위해 활성산소를 만들고 있다. 활성산소는 세균을 죽이기 위한 것이지만 주위의 조직도 상하게 한다.

이런 활성산소에 의한 상해가 축적되어 노화가 일어난다고 생각하는 것이 '산소독설'이다.

활성산소와 동물 수명은 밀접한 관계가 있다. 즉 코끼리, 말, 개, 쥐 등 여러 동물 중 산소 소비량(체중당 값)이 높은 것일수록 수명이 짧다.

산소 소비량이 늘면 당연히 활성산소의 생성량도 늘어나 노화를 일으킨다. 파리를 날지 못하게 하여 키우면 수명이 연장된다고 한다. 날지 못하는 상태의 파리는 산소 소비량이 적어서 활성산소가 적기 때문이다.

한편, 동물 몸에는 활성산소에 대한 방어 기구가 있다. 비타민 E, 비타민 C, 글루타티온 등의 항산화물질도 그중 하나이지만 효소도 중요한 역할을 한다.

초산화물 불균등화효소는 활성산소의 하나인 '초산화물'을 분해하는 작용을 갖고 있다. 여러 동물에 대해 조사한 결과 산소 소비량당 초산화물 불균등화효소의 활성이 강할수록 오래 살았다.

'노폐물 축적설'이 있다. 나이를 먹은 사람의 기관조직 중에는 리포푸신이라는 황갈색 과립이 침착(沈着)한다. 리포푸신 안에는 '산성 인산 가수분해효소', '에스테르 가수분해효소', '카텝신' 등 효소 무리가 섞여 있다. 이들은 여러 물질을 가수분해하는 작용을 갖는 효소이다.

이들은 본래 세포 속에 있는 '리소좀'이라는 세포 내 소기관에서 일한다. 리소좀은 이들 무리의 작용으로 세포에 불필요한 물질을 소화 분해하는 세포 내 소기관으로 '쓰레기 처리장'이다.

리포푸신이란 리소좀의 소화 분해력이 떨어져서 소화되지 않는 나머지 찌꺼기다. 실제로 젊은 쥐에게 리소좀의 효소 작용을 정지시키는 약을 주사하면 리포푸신과 똑같은 것이 생긴다.

노폐물 처리 능력의 저하와 노화 사이의 관계는 확실한 것 같지만 이것이 노화의 진짜 이유라는 증거는 없다. 오히려 노화의 결과인지도 모른다.

노인성 치매의 하나인 '알츠하이머(Alzheimer)병'에서도 같은 결과가 보인다. 노인성 치매에는 여러 타입이 있으나 가장 증상이 심하고 원인이 밝혀지지 않은 것이 알츠하이머병이다.

이 병의 환자 뇌를 살펴보면 '노인반'이라는 반점과 비틀린 섬유상 물질이 보인다. 이들은 모두 어떤 단백질이 침착하거나 불용성 섬유를 만들거나 한 것이다.

어쨌든 알츠하이머병 환자의 뇌에서는 단백질 가수분해효소의 작용이 부족하여 불필요한 단백질이 침착하거나 섬유를 만든다.

그러나 이것이 노인성 치매의 원인인가 아니면 노화의 결과인가는 잘 알려져 있지 않다.

'노화의 다리설'이라는 것도 있다. 여러 단백질 분자 사이에 다리가 형성되어 단백질의 기능을 손상하거나 세포나 기관에 나쁜 영향을 주어 노화가 일어난다는 설이다.

콜라겐은 피부, 힘줄, 연골, 혈관벽 등의 주성분이며, 나이

들수록 콜라겐에 다리가 점점 많이 형성된다. 이 다리가 노화와 함께 일어나는 피부의 주름, 혈관이나 관절이 굳어지는 것과 관계가 있는 것 같다. 또 눈의 수정체 단백질에도 노화와 함께 다리가 만들어져 불용화하여 탁해지며, 이것이 노인성 백내장과 관계있는 것 같다.

다리가 생기는 것은 효소와 관계가 있는 것으로 생각된다. 몸 안의 많은 화학 반응은 대부분 효소가 촉매하여 진행되나 효소가 관여하지 않는 것도 있다.

효소가 관여하지 않은 반응이 노화에 따라 다리를 만드는 것 같다. 즉, 몸에 불필요한 반응을 일으킨다. 효소에 의하지 않는 반응이 노화의 원인이 된다는 설은 우리 효소의 마음에 든다.

8장 효소는 독도 된다

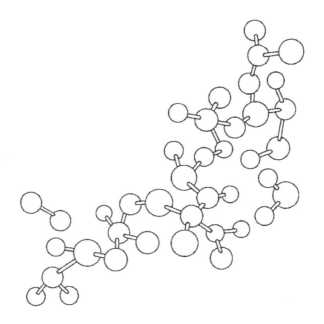

1. 효소와 시안화칼륨

하나코 씨와 시어머니는 텔레비전의 추리극을 매우 좋아한다. 책보다 텔레비전 드라마가 좋다. 작은 글씨의 책을 보는 것보다 누워서 텔레비전 드라마를 보는 것이 더 편하고 현실적이기 때문이다.

칼에 찔려 피를 뿜는다든지 독을 많이 마셔 발버둥 치면서 푹 쓰러지는 것을 보면 오싹오싹해진다.

타로 씨가 돌아오는 시간은 텔레비전 추리극의 클라이맥스에 걸리는 일이 많다.

타로 씨는 운이 나쁜 사람이다. 왜냐하면 부인이 드라마에 열중해 있을 때는 제대로 대접을 받지 못하기 때문이다. 거기다 부인이 살인 장면에 눈을 빛내고 있는 것을 보는 것도 기분 좋은 일은 아니다. 어쩐 일인지 텔레비전의 추리극 범인은 여자가 많고 피해자는 그 남편이 많다.

오늘의 드라마에서도 중년 남자가 음료를 마시자마자 푹 쓰러졌다. 입에서 한 줄기 피가 흘러나온다.

"시안화칼륨이군. 바로 죽은 걸 보면."

하나코 씨가 중얼거렸다. 역시, 5분 후에 형사역의 남자가 컵의 냄새를 맡아 보고 독약은 시안화칼륨이라고 단정하였다.

시안화칼륨(청산가리)은 아마 가장 일반적인 독약일 것이다. 일본에서 유명한 데이고쿠 은행 사건에서도 이 독이 사용되었다. 도쿄도 위생과 직원을 사칭한 남자가 데이코쿠 은행 시이

나마치 지점에 나타나 이질 예방약이라고 하여 시안화칼륨을 16명의 은행원에게 먹였다. 그중 12명이 죽었다. 2차 세계대전이 끝나고 얼마 안 되었을 때의 이야기다.

시안화칼륨의 독성은 '칼륨' 부분이 아니고 '시안' 부분이 나타낸다. 시안 화합물은 대부분 독으로서 작용한다. 살구나 쓴 아몬드 등의 과일을 먹어도 중독되는 경우가 있다. 이들 과일에 아미그달린이라는 일종의 시안 화합물이 들어 있기 때문이다.

시안화칼륨이나 시안 가스는 효과가 즉시 나타나 먹거나 마시면 바로 의식을 잃고 5분 이내에 죽는다. 치사량은 사람의 경우 0.2g이다. 이것은 독물 중에서 치사량이 적은 편은 아니다. 세상에는 더 적은 양으로 독을 나타내는 것이 많다.

어째서 시안 화합물이 독이 되는가? 그것은 시안 화합물이 호흡 사슬 중 효소의 작용을 정지시키기 때문이다.

호흡 사슬은 '1장-3. 세포에너지 공장의 일꾼' 후반부에서 언급한 바와 같이 TCA 사이클과 함께 에너지를 ATP 형태로 생산하는 중요한 과정이다. TCA 사이클에서 받아들인 수소 원자와 호흡으로 얻은 산소를 반응시켜 발생하는 에너지로 ATP를 생산한다.

그 과정은 복잡하여 많은 구성 성분으로 형성되어 있고, 차례로 전자를 주고받는다(산화 환원). 호흡 사슬 구성 성분의 하나로 '시토크롬 산화효소'라는 효소가 있다.

시토크롬 산화효소는 '헴'이라는 복잡한 물질('4장-1. 나는 함부로 작용하지 않는다' 참조)을 갖고 있다. 그리고 시안화물은 시토크롬 산화효소의 헴 부분에 결합한다.

몸 안에는 시안 화합물을 무독화하는 기구가 있다. 역시 효소인 '티오황산염 황전달효소'이다('2장-3. 효소 이름과 번호' 후반부 참조). 정상 세포가 암세포보다 강한 티오황산염 황전달 효소 활성을 갖는다.

적당량의 시안 화합물(아미그달린)을 항암제로 사용하려는 생각도 있다.

2. 효소와 비소

비소도 옛날부터 독약으로 유명했다. 중세 유럽에서 살인에 자주 사용되었으며 여자들이 많이 사용하였다.

그러나 비소는 바로 알아낼 수 있어서 금방 들통난다. '바보의 독약'이라고 하는 이유가 여기에 있다.

일본에서도 시마네현 이와미 은광산에서 채취하는 비소를 함유한 광물이 쥐약으로도, 살인에도 사용된 것 같다.

비소에는 여러 화합물이 있으며 모두 독을 나타낸다. 그중에서 입수하기 쉽고 독성이 강해 많이 사용되는 것은 '아비산'이다.

아비산은 세포 속에서 작용하는 많은 효소의 독이 된다. 효소는 '활성 부위'로 불리는 중요한 부위에서 화학 반응의 촉매가 이루어진다('3장-3. 효소의 형태에는 의미가 있다' 참조).

활성 부위에 '시스테인'이라는 아미노산이 존재하는 효소가 많다. 아비산은 이 시스테인과 결합한다. 활성 부위에 아비산이 결합하면 촉매 작용을 할 수 없게 된다.

예로서 TCA 사이클의 일원인 '숙신산 탈수소효소'나 해당계의 일원인 '글리세르알데히드 3-인산 탈수소효소'가 그 예이다. 이들 무리는 세포의 에너지 생산에 매우 중요한데 아비산이 결합하여 작용하지 못하게 되면 큰일이다.

또 아비산이 활성 부위가 아니고 다른 데 있는 시스테인에 결합해도 그 영향으로 활성을 잃거나 저하하는 경우도 있다. 이같이 비소 화합물은 여러 효소의 작용을 억제하여 세포의 활동을 저해한다.

시스테인과 결합하여 효소의 활동을 저해하는 화합물은 이외에도 수은 화합물 등 많다.

원래 비소 화합물은 독만이 아니라 약으로서도 사용되어 왔다. 항스피로헤타약이나 항아메바약으로 사용되었다.

독이 약이 되는 이유는 인간의 세포와 미생물 세포막 차이에 있다. 균이나 아메바의 세포막이 사람의 막보다 통과시키기 쉽기 때문이다.

그러나 인간이 중독될 위험성이 있기 때문에 현재는 약으로서 그다지 가치가 없다고 한다.

3. 효소와 독가스

'아세틸콜린에스테르 가수분해효소'라는 효소가 신경에서 중요한 역할을 하고 있다('1장-4. 근육을 움직인다' 참조).

신경이 흥분을 전달할 때, '아세틸콜린'이라는 물질이 방출되어 다음 세포의 막에 결합한다. 그렇게 되면 그 세포가 흥분 상태가 된다. 막에 붙은 아세틸콜린은 바로 분해되어 다음 자극이 오는 것을 기다린다. 막에 붙은 아세틸콜린은 아세틸콜린 에스테르 가수분해효소가 분해한다.

아세틸콜린에스테르 가수분해효소의 작용을 정지시키는 약을 주사하면 바로 신경이 마비되어 죽는다. 독가스 중에서 '신경가스'는 이런 작용을 한다. 즉, 나치 독일이 만든 '사린(sarin)'이라는 독가스는 유기인(有機燐) 화합물의 일종으로 공기 $1㎥$에 $100㎎$의 양이면 반수의 사람이 죽는 강한 독성을 가지고 있다.

만약, 7톤의 사린을 동경 하늘에 뿌리면 야마데선(전철선) 안쪽은 4분 안에 죽음의 거리가 되며, 피해는 $80㎞$나 떨어진 곳까지 미친다. 수소 폭탄과 같은 살인 위력이지만 값은 훨씬 싸게 먹힌다니 무서운 일이다.

사린 등의 유기인산 화합물은 아세틸콜린에스테르 가수분해효소의 활성 부위에 있는 '세린(serine)'이라는 아미노산을 인산화하여 효소의 작용을 정지시킨다.

물론 평화적 이용 방법도 있다. 해충을 죽이는 농약으로서 이용하는 것이다. 아세틸콜린에스테르 가수분해효소에 작용하는 물질은 신경계를 갖는 동물에게는 맹독이지만 신경계가 없는 식물에는 독이 되지 않는다. 즉 농약으로 안성맞춤이다.

'파라티온'이라는 농약도 그중 하나로 벼의 해충인 이화명충을 죽이며 2차 세계대전 후의 식량난 시대에 등장하여 쌀의 증산에 크게 기여하였다. 그러나 인간에게도 맹독이기 때문에 각지에서 중독 사고가 발생하였다. 또 직접 관계가 없는 다른 야생동물에게도 커다란 해를 주고 말았다.

한때 농약의 '스타'였으나 1955년에는 독 중에서도 특히 엄격하게 취급하도록 하는 '특정 독물'로 지정되었고, 1971년에

와서 사용이 금지되었다.

천연에도 아세틸콜린에스테르 가수분해효소의 독이 있다. '피조스티그민', 또는 '에세린(eserine)'이라는 이름의 물질이다. 서아프리카의 칼라바르 지방에 서식하는 신목으로 받드는 콩에서 얻는다. 원주민들은 '재판콩'이라고 한다.

범인으로 생각되는 사람에게 이 콩을 20~30개 먹여 죽으면 유죄, 살아남으면 무죄로 재판한 일이 있다고 한다.

무죄인 사람은 무서워하지 않고 한 번에 먹기 때문에 위가 자극되어 토하고 말아 살아나는 경우가 많다. 그러나 양심의 가책을 받은 사람은 무서워서 조금씩 먹기 때문에 독이 흡수되어 죽는다고 한다. '한꺼번에 먹기'도 효과가 있을 때가 있는 것 같다.

4. 효소가 독이 된다

추리소설 중에는 독사를 사용하여 사람을 죽이는 얘기가 있다. 또 무서운 전염병의 병원균을 범죄에 사용하는 내용도 있다.

어떤 뱀은 강한 독을 가지며, 콜레라균 등의 병원균도 독을 낸다. 이들 독 중에는 우리 효소가 관련되어 있는 경우가 있다. 뱀독은 크게 나누어 두 가지가 있다. 하나는 코브라나 바다뱀의 독으로 신경독이다. 운동신경을 차단하여 몸을 마비시킨다. 이것은 효소와는 직접 관계가 없다. 다른 하나는 살무사와 북살무사의 독으로 효소와 관계가 있다.

살무사에게 물리면 독에 의해 출혈이 생기고 적혈구가 파괴되어 '용혈'이 생긴다. 살무사 독 중에는 '인산지방질 가수분해효소'와 '단백질 가수분해효소'가 있어서 적혈구막이나 혈관벽을 부순다. 혈액을 응고시키는 성분에 작용하여 피가 굳지 못하도록 한다.

또, 뱀독에 함유된 어떤 단백질 가수분해효소는 인간의 혈액 중에 있는 '키니노겐(kininogen)'이라는 물질에 작용하여 '브래디키닌(bradykinin)'이라는 물질을 방출한다. 브래디키닌은 염증이나 통증을 일으키는 물질이다.

이번에는 쪽팡이의 독을 살펴보자.

요즈음은 티푸스, 디프테리아, 콜레라 등의 전염병에 걸리는 사람은 거의 없다. 그러나 하나코 씨가 어렸을 때는 감염되는 사람이 꽤 있었다. 인간은 오랜 기간 전염병에 시달려 왔으며 이를 극복하기 위해 싸워왔다.

전염병을 일으키는 것은 병원균이다. 즉 디프테리아는 디프테리아균이, 콜레라는 콜레라균이 일으킨다. 이것은 잘 알려져 있는 예이지만 어떤 메커니즘으로 병원균이 병을 일으키는가는 잘 알지 못했다. 그 원인을 알아낸 것은 최근의 일로 역시 효소가 관련되어 있다.

즉, 디프테리아균은 '디프테리아 독소'라는 독소를 만들어 내어 병을 일으킨다.

디프테리아 독소는 단백질의 일종으로 A, B 두 성분으로 구성되어 있다. B성분은 인간의 세포막에 달라붙어 A성분을 세포 속으로 보내는 작용을 하며, A성분은 효소이다.

인간의 세포 속에서는 단백질이 합성되고 있다. 단백질의 합성에는 많은 도구가 필요하다. 디프테리아 성분의 A는 그중 하나('펩티드 성장 인자')에 작용하여 변형시켜 작용을 억제한다 (즉, 펩티드 성장 인자를 ADP 리보실화한다). 그 결과 인간의 세포는 단백질을 합성할 수 없게 된다.

콜레라균이 만드는 콜레라 독소도 역시 A, B 두 성분으로 되어 있으며 B성분은 세포에 달라붙는다. A성분은 효소로, 세포막의 단백질을 ADP 리보실화한다.

소장 점막의 세포는 콜레라 독소에 파괴되어 대량의 물과 이온을 방출한다. 그 결과, 심한 설사와 탈수증이 일어난다.

녹농균(Pseudomonas aeruginosa)같이 인간의 조직을 파괴해 버려 궤양을 만드는 병원균도 있다. 이들 균은 강한 단백질 가수분해효소를 분비하여 조직을 파괴한다.

인간의 몸에는 단백질 분해에 대한 방어 기구가 여럿 있다. 앞서 언급한('6장-4. 효소와 담배' 후반부) 'α_1-단백질 가수분해효소 저해제'도 그중 하나이며, 혈액 속에 있는 'α_2-매크로글로불린'이라는 단백질도 한 예이다.

α_2-매크로글로불린은 단백질 가수분해효소와 결합하여 작용을 억제한다. 그리고 결합물은 조직으로 운반되어 처리된다.

그러나 병원균의 단백질 가수분해효소는 α_2-매크로글로불린에 잡혀서 세포 속에 운반되어도 불사신이다. 세포 속에서 다시 살아나 난폭하게 날뛰어 세포를 파괴하고 만다. 마치 '007 제임스 본드'와 같이 적이지만 훌륭하다.

9장 생활에 도움을 주는 효소

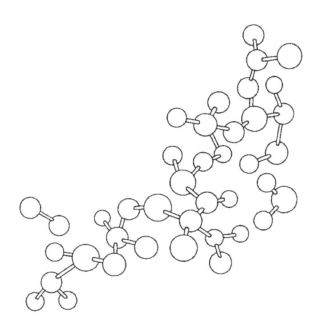

1. 효소와 세제

하나코 씨는 근처 슈퍼마켓에 물건을 사러 갔다. 진열대 위에는 많은 상품이 놓여 있었다. 그중에도 우리 효소가 있을 것이다.

있다! 세제 중에 우리 효소가 있다. 우리는 텔레파시로 말을 걸었다.

"안녕. 건강해?"

"안녕."

세제 속의 동료가 답했다.

"나는 건강하지만 건너편 진열대의 상자에 있는 동료는 약해졌어."

"그래. 죽을 것 같아. 창고 속에서 일 년간 처박혀 있었으니까."

건너편 진열대의 상자에서 약한 소리가 들려왔다.

"그래. 빨리 팔렸으면 좋겠는데."

"그래."

"오늘이라도 예쁜 아가씨가 사 갈지도 몰라. 너는 그녀의 예쁜 옷과 함께 세탁기에 들어가서……."

나는 격려하느라 농담을 하였다.

"아냐, 할아버지의 더러운 팬티와 함께 세탁기에 들어갈지도 몰라. 또 어린애 기저귀하고 같이 들어갈지도 모르지."

세제 속의 효소가 낙담하듯이 말했다.

〈그림 9-1〉 효소가 들어 있는 세제

　세제 속 효소의 역할은 물론 때를 빼는 일이다(그림 9-1).

　예로부터 세제의 주역은 '계면활성제'이다. 계면활성제는 물과 친한 부분(친수기)과 물과 친하지 않은 부분(소수기)을 모두 갖고 있다. 기름기의 때 표면에 소수기 쪽이 달라붙고, 친수기의 작용으로 물에 섞인다. 이같이 하여 때를 빼는 작용을 한다. 옷의 때에는 외부에서 낀 때—흙이나 먼지, 식사 때 떨어뜨린 음식 등—와 몸의 표면에서 나온 때가 있다.

　목의 컬러나 소매에 낀 때는 잘 안 빠진다. 때의 주요 성분은 지방과 단백질이다. 지방 때는 계면활성제가 작용하면 빠지지만 단백질 때는 빠지기 어렵다. 이것이 때가 잘 안 빠지는 원인이다. 효소로 단백질 때를 분해해서 빼려고 시도하였다.

그래서 단백질 분해효소를 계면활성제에 가한 세제가 개발되었다. 계면활성제는 물에 녹이면 pH가 9~10, 즉 알칼리성이 된다. 그래서 알칼리성에서도 잘 작용하는 효소가 좋다. 드디어 그런 성질을 갖는 효소를 찾았다. 주로 쪽팡이 등의 미생물이 만드는 단백질 가수분해효소가 사용되고 있다.

단백질 가수분해효소를 넣은 가정용 세제는 1970년대에 판매되기 시작하였다. 처음에는 포장 상자에서 변성되어 활성이 저하되어 버린 일도 있었다. 그 후 활성 저하를 막으려고 여러 가지로 연구하고 있으나 '3장-3. 효소의 형태에는 의미가 있다'에서도 언급한 바와 같이 일반적으로 우리 효소의 약점은 안정성이다.

가정용 세탁기는 대개 수돗물로 세탁한다. 효소가 작용하는 데 적당한 온도는 37℃ 정도이지만 수돗물의 온도는 낮다. 그래서 저온에서도 작용할 수 있는 효소를 찾고 있다.

어느 잡지 기사에 의하면 남극의 바다에 있는 크릴이라는 바다새우의 효소가 세제에 좋지 않을까 하는 내용이 언급되고 있다. 남극의 바다는 차기 때문에 거기에 살고 있는 동물의 효소는 낮은 온도에서도 잘 작용하기 때문이다.

요즈음은 단백질을 가수분해하는 효소 외에 지방을 분해하는 지방질 가수분해효소나 녹말을 가수분해하는 아밀라아제, 셀룰로오스 가수분해효소 등이 들어간 세제가 판매되고 있다.

셀룰로오스(섬유소)는 녹말과 마찬가지로 글루코오스가 다수 결합한 다당이지만 결합 양식이 녹말과 다르다. 셀룰로오스는 식물의 세포벽 등을 만드는 물질로 자연계에 널리 존재한다.

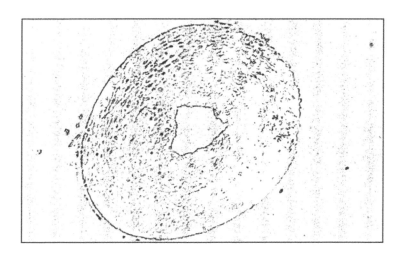

〈그림 9-2〉 현미경으로 본 솜의 단일섬유의 구조. 셀룰로오스 가수분해효소는
섬유 분자 사이에 들어가 솜에 끼어 있는 검은 때를 제거한다

인간은 셀룰로오스를 분해하는 효소를 갖고 있지 않기 때문에
먹어도 영양이 되지는 않는다. 그러나 옷의 재료로서 오래전부
터 사용되어 왔다. 솜이 대표적인 예다.

셀룰로오스 가수분해효소는 솜의 섬유 사이에 들어간 때를
빼는 데 효과적이라고 한다(그림 9-2). 비전문가의 생각으로는
효소가 솜의 섬유를 끊어 버려 옷이 다 삭아 없어지는 것이 아
닌가 걱정이 될 것이다. 그래서 어떤 사람이 제조 회사 사람에
게 이 점에 대해서 물어봤다.

"그래요. 셀룰로오스 가수분해효소 원액에 티셔츠를 하룻밤 담가 놓았더
니 모두 녹아 버립디다. 하하하."

그 사람은 덧붙였다.

"시판되는 세제에는 매우 적은 양밖에 들어 있지 않기 때문에 걱정 없어요."

셀룰로오스 가수분해효소가 들어간 효소는 콤팩트화와 함께 히트 상품이 되었다.

옷의 세제에만 효소가 이용되는 것은 아니다. 식기용 세제에도 단백질 가수분해효소나 아밀라아제가 사용되고 있다.

또 세안(洗顔) 분말에도 단백질 가수분해효소가 들어간 것이 있다. 얼굴 피부가 두꺼운 사람은 좋지만 얇은 사람은 주의해야 한다. 뭐? 속돌(화산 용암이 분출해 만들어진 돌로 구멍이 많이 나 있어 가벼워 물에 뜨는 것도 있다)을 문지르는 데 사용하는 대신 뒤축에 붙이는 사람도 있다고?

얘기가 빗나가지만 효소가 속돌 대신의 역할을 하고 있는 예가 또 있다. 청바지는 신품보다 입던 것이 더 낫다고 한다. 그래서 전에는 일부러 속돌로 문질러서 입던 것처럼 만들었다. 그러나 지금은 셀룰라아제를 사용하여 솜의 섬유를 약간 부서지게 하여 입던 것 같은 기분을 내게 만들어 팔고 있다.

세제 옆에는 치약이 진열되어 있다. 여기에도 우리 효소가 들어 있다.

입안에 있는 '스트렙토코커스 뮤턴스(Streptococcus mutans)'라는 쪽팡이는 끈기 있는 다당류를 만들어 균 자신을 이의 표면에 점착시킨다. 그리고 이의 표면에서 증식한다. 이것이 치구이다.

이 균은 락트산 같은 산을 만들며, 이 산이 이 표면의 딱딱한 에나멜질을 녹인다. 이것이 충치다.

그래서 이 균이 만드는 찐득찐득한 다당을 녹일 목적으로 치약에 '덱스트란 가수분해효소'라는 효소를 넣어 팔고 있다.

그러나 치약으로 닦고서 물로 입을 헹구기 때문에 효소가 작용할 시간이 없을지도 모른다.

미국에서는 스테이크용 고기의 연화제를 슈퍼에서 팔고 있다. 이것도 효소로 단백질의 일부를 가수분해하는 작용을 한다. 일본에서는 쇠고기를 얇게 썰어 먹기 때문에 소화하는 데 그다지 어려움이 없으므로 수요가 없을지도 모른다.

2. 효소와 의약품

약국이 있다.

"아 그래. 시어머니께서 위장약을 사다 달랬지."

시어머니가 생각난 하나코 씨는 약국을 향했다. 이 책 첫머리에서 언급한 것처럼 시어머니는 한가지 위장약만 좋아한다. 밥을 많이 먹었다 하면 약을 찾는다.

"진짜로 가라앉긴 하는 건가."

하나코 씨는 툴툴거렸다.

"듣지도 않지만 약을 먹었다는 것으로 위안이나 받자는 거겠지. 위가 거북하면 밥을 조금 덜 먹으면 되는데. 너무 먹으니까……."

시어머니가 애용하는 약을 비롯하여 여러 약에는 우리 효소가 들어 있다.

효소가 약으로 처음 사용된 것은 소화제였다. 1894년 다카

미네 박사가 코오지에서 만든 '다카디아스타아제'가 시초이다.

나쓰메가 쓴 『나는 고양이로소이다』에도 고양이 주인인 구샤미 선생이 위가 약해서 다카디아스타아제를 먹는 장면이 나온다.

그 후 더 강하고 안정한 소화제가 개발되었다. 세제 속의 효소 무리와 비슷한 구성, 즉 녹말을 분해하는 '아밀라아제', 단백질을 분해하는 '단백질 가수분해효소', 지방을 분해하는 '지방질가수분해효소', 셀룰로오스를 분해하는 '셀룰로오스 가수분해효소' 등이 소화제로 사용되고 있다. 대부분 미생물의 효소를 사용하고 있다.

방선균이라는 미생물이 생산하는 단백질 가수분해효소를 배합한 소화제가 축농증에 효과가 있는 것으로 밝혀졌다. 이것이 계기가 되어 효소가 염증에 효과를 나타내는 소염제로서 사용되기 시작했다.

오늘날에는 단백질 가수분해효소나 쪽팡이의 세포벽을 가수분해하는 '라이소자임'이 소염이나 가래를 없애는 목적으로 사용된다.

소화제의 효소는 소화관 중에서 음식의 분해에 참가하여 소화를 돕는다.

그러나 '5장-1. 효소를 먹어도 의미가 없다'에서 언급한 바와 같이 효소를 비롯한 단백질은 먹어도 그대로 몸 안에 흡수되기 힘들다. 거기다 인간의 것이 아닌 단백질을 무리하게 몸 안에 집어넣어도 이물로서 배설되거나 쇼크가 일어나 위험하다.

그래서 소화 목적 이외에 효소를 입으로 먹어도 정말로 효과가 있는지, 효과가 있다면 어느 정도인지에 대한 의문이 생긴다. 특히 '어째서 효과가 있는가'에 대해서는 아직 연구가 부족하다.

한편으로는 이런 문제점을 해결하기 위해 체내 흡수에 대해 연구하고, 이물로 생각하여 배척하지 않도록 하는 연구가 진행되고 있다. 예로서 '폴리에틸렌글리콜'이라는 물질을 효소에 붙이면 항원성이나 지속성이 개선된다고 한다. 리포솜을 지질막에 끼워 넣는 방법도 있다.

'플라스미노겐 활성 인자'라는 효소 제제가 있다. 상처가 났을 때 상처 부위에서 피가 굳어 피를 멈추게 하는 작용을 한다 ('4장-4. 단백질 가수분해효소의 관리' 참조). 상처 부위의 피가 굳는 것은 중요한 몸의 방어 방법이지만 혈관 속에서 피가 굳으면 곤란하다. 혈관이 막혀 뇌혈전이나 심근경색의 원인이 된다. 혈관 속에 생긴 피의 덩어리(혈전)를 제거하기 위해 플라스미노겐 활성 인자가 사용된다.

혈전의 주성분은 '피브린'이라는 단백질이다. 몸 안에는 피브린을 분해하는 효소가 준비되어 있다. 즉 '플라스민'이다. 플라스민은 보통 불활성형인 '플라스미노겐'이라는 형태로 존재하고 있다. 플라스미노겐 활성 인자는 플라스미노겐을 활성 플라스민으로 바꾸는 작용을 한다. 이 얘기는 '7장-2. 효소와 암의 전의' 후반부에서도 나온다.

플라스미노겐 활성 인자는 신장에서 만들어지며 최종적으로는 오줌으로 배설된다. 그래서 인간의 오줌을 대량으로 모아 거기서 플라스미노겐 활성 인자를 정제하고 있다. 이것은 원래 인간의 것이므로 이물질은 아니다. 그러므로 항원항체 반응에 대한 걱정은 안 해도 된다.

　그러나 오줌으로 만들기 때문에 오줌이 확보되어야 한다. 그래서 인간 신장의 세포를 배양하여 플라스미노겐 활성 인자를 만들거나 플라스미노겐 활성 인자의 유전자를 쪽팡이에 도입하여 쪽팡이가 만들도록 하는 방법이 연구되고 있다.

　플라스미노겐 활성 인자는 혈액의 플라스미노겐을 무차별적으로 활성화하기 때문에 출혈 등의 부작용을 일으킨다.

　그래서 피브린에 친화성이 있어서 혈전에 붙어 그 주위의 플라스미노겐만 활성화하는 효소가 가까운 장래에 플라스미노겐 활성 인자를 대신할 것 같다.

3. 효소와 감미료

　하나코 씨는 식료품 코너로 갔다. 많은 상품이 진열대에 넘치고 있다. 하나코 씨의 눈은 단 과자에 못 박혔다.

　하나코 씨는 술도 좋아하지만 단것도 아주 좋아한다. 단것을 먹고 싶지만 신경 쓰이는 일이 하나 있다. 체중이다.

　원래 통통한 편이나 요즈음 살이 더 쪘다. 허리는 절구통 같다. 목욕탕에 들어갈 때 자신의 배를 보면 한숨을 쉬고 만다. 그러나 유혹은 강하다.

　이러한 단맛을 내는 감미료 제조에 효소가 상당히 활약하고 있다. 감미료의 원료로 녹말이 중요하다.

　녹말은 식물의 저장 탄수화물의 대표로 종자나 뿌리와 줄기 등에 많이 들어 있다. 사람은 쌀, 보리, 고구마, 감자 등의 녹

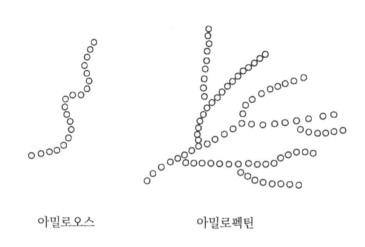

아밀로오스   아밀로펙틴

〈그림 9-3〉 녹말의 구조(○은 글루코오스를 나타낸다)

말을 주식으로 하고 있다.

　종자나 뿌리와 줄기 속에 있는 녹말은 각기 특징적인 입자로서 존재하고 있다. 일반적으로 녹말 입자는 매우 안정한 화합물로 미생물이 분해하기 어렵다. 즉 매우 뛰어난 저장성을 갖고 있다.

　녹말 입자를 물에 담가 놓으면 어느 정도 부푼다. 이것을 가열하면 다시 부풀다 결국 파괴되어 '풀'이 된다. 이를 호화(糊化)라 한다. 풀이 되는 온도는 녹말의 종류에 따라 다르다.

　녹말은 글루코오스가 많이 결합하여 만들어진 다당이다. 구조상으로 보면 녹말은 두 성분으로 되어 있다(그림 9-3).

　하나는 '아밀로오스'로 글루코오스 분자가 직선의 사슬같이 결합하고 있다. 이것은 보통 녹말의 20~25% 정도를 차지하고 있다. 또 하나는 '아밀로펙틴'이라는 성분으로 가지를 갖는 성분이다. 보통 녹말의 75~80%를 차지하고 있다.

사람 몸에서 이용되거나 산업적으로 이용되거나 녹말은 분해부터 시작된다. 물론 효소의 작용에 의해서다.

일반적으로 생녹말 입자는 효소가 분해하기 어렵고, 가열하여 입체 구조가 부서지면 분해하기 쉽다. 녹말을 분해하는 효소 무리를 통틀어 '아밀라아제'라고 한다. 아밀라아제는 인간을 비롯한 여러 생물에 존재하고 있으며, 여러 종류가 있다.

하나는 'α-아밀라아제'이다. 사람은 타액과 췌액에 α-아밀라아제가 있다. 이것이 밥의 소화에 중요한 역할을 하고 있다는 것을 1장 2절에서 설명하였다. 밥을 오래 씹으면 단맛을 난다. 이것은 밥 속의 녹말이 타액의 α-아밀라아제에 의해 단맛을 갖는 작은 조각으로 분해되기 때문이다.

α-아밀라아제는 동식물과 미생물에 널리 분포되어 있다. 예로서 코오지 곰팡이에는 강한 α-아밀라아제가 있다.

α-아밀라아제는 아밀로오스나 아밀로펙틴을 사슬의 안쪽에서 제멋대로 자른다.

반면 녹말 사슬의 말단에서 차례로 잘라 들어가는 효소도 있다. 'β-아밀라아제'라는 효소는 녹말의 끝에서부터 녹말이 두 개 붙은 말토오스(맥아당)로 잘라 들어간다. β-아밀라아제는 식물과 미생물에만 있고 동물에게는 없다.

또 녹말 사슬의 끝에서부터 글루코오스를 차례로 잘라 들어가는 효소도 있다. 이것은 '글루칸α-1, 4-글루코시드 가수분해효소'라고 한다. 그 외에 아밀로펙틴의 가치 부분을 전문으로 절단하는 '이소아밀라아제'와 'α-덱스트린 α-1, 6-글루코시드 가수분해효소'도 있다.

현재 녹말을 공업적으로 분해하는 데 아밀라아제를 사용하고 있다. 먼저 α-아밀라아제를 작용시켜서 녹말을 분해하여 '덱스트린'이라는 중간 생성물을 만든다.

여기에 사용하는 효소는 타액이나 췌액의 효소가 아니고 세균 α-아밀라아제이다. 세균이 만드는 α-아밀라아제 중에는 열에 매우 안정하여 70℃까지도 견딜 수 있는 것도 있다. 녹말을 물에 섞어 풀로 만들어 놓고 α-아밀라아제를 높은 온도에서 작용시키면 반응이 빨리 진행된다.

α-아밀라아제로 녹말을 분해하여 생긴 덱스트린은 작게 잘라지지 않았기 때문에 단맛은 그다지 없다. 여기에 β-아밀라아제를 작용시키면 말토오스(맥아당)가 생겨서 단맛이 강해진다. 이것이 물엿이다.

말토오스는 설탕의 40% 정도의 단맛을 내며 식품의 소재로서 중요하다. 콩에서 얻은 β-아밀라아제가 많이 사용되며 여기에 가지 절단이 전문인 이소아밀라아제나 α-덱스트린 α-1, 6-글루코시드 내부가수분해효소를 가하면 말토오스의 수율이 높아진다. 녹말을 완전히 분해하면 글루코오스가 된다. 여기에는 '글루칸 α-1, 4-글루코시드 가수분해효소'를 사용하면 좋다.

글루코오스는 설탕의 70%의 단맛을 갖는다. 글루코오스에 '크실로오스 이성질화효소'라는 효소를 가하면 '이성화'라는 반응이 일어나 글루코오스와 프룩토오스(과당)가 반씩 섞인 혼합물이 생긴다. 이것을 이성화당이라고 한다.

프룩토오스는 설탕의 약 1.5배의 단맛을 낸다. 그래서 이성화당은 감미료로 인기가 있어서 일본에서는 연간 약 80만 톤의 이성화당이 생산되고 있다. 일본의 연간 설탕 소비량은 200만 톤이므로 이성화당의 생산량은 상당히 많은 편이다.

〈표 9-1〉 단맛의 비교(설탕을 100으로 한다)

설탕	100
글루코오스	60~70
프룩토오스	100~150
이성화당	90~120
말토오스	40
물엿	45
프룩토올리고당	50~60

　최근 '프룩토올리고당'이란 이름을 자주 듣게 된다. 올리고당이란 단당(글루코오스, 프룩토오스같이 그 이상 가수분해되지 않는 가장 작은 당)이 두 개에서 열 개 결합한 당이다. 프룩토올리고당은 설탕(글루코오스와 프룩토오스가 하나씩 결합되어 있다)에 프룩토오스가 다시 한 개 내지 세 개 결합한 것이다. 물론 효소의 작용으로 합성한다.

　프룩토올리고당은 사람이 먹어도 소화되지 않는다. 그렇다고 음식으로서 쓸모없는가 하면 그렇지는 않다. 첫째, 저칼로리 감미료로서 먹어도 살찌지 않고, 둘째, 장속에 있는 비피두스균(Bifidobacterium)의 영양이 된다.

　장 안에는 많은 쪽팡이가 살고 있다. 그중에는 몸에 좋은 균도 있다. 비피두스균은 그런 균의 대표적인 균이다. 그러나 유해한 물질을 생산하는 나쁜 균도 있다. 예를 들자면 웰치균(Clostridium welchii)이 그렇다. 나이를 먹거나 스트레스가 쌓이면 좋은 균이 줄어든다.

　프룩토올리고당은 좋은 균을 늘리는 역할을 한다. 또 충치를 만들기 어려운 감미료이기도 하다.

　프룩토올리고당 외에도 '이소말토올리고당', '갈락토올리고당' 등의 올리고당이 상품으로 생산되고 있다. 그리고 올리고당이 들어간 건강 음료가 많이 나오고 있다. 올리고당은 식물 섬유 등과 함께 건강 식품으로 인기가 높다.

　감미료는 아니지만 흥미를 크게 불러일으키는 올리고당을 소개한다. 그것은 '시클로덱스트린'이다. 시클로덱스트린은 6~8개의 글루코오스 분자가 고리형으로 결합한 것으로 마치 도넛 모양을 하고 있다. 고리 가운데 쪽은 물과 친하기 어려운 소수성을, 고리 바깥쪽은 물과 친한 친수성을 갖는다.

　적당한 크기의 물과 친하기 어려운 물질을 시클로덱스트린과 섞으면 고리 가운데로 들어간다. 그 결과 물에 녹기 어려운 물질을 녹이고, 휘발성 물질을 휘발되지 않게 하고, 불안정한 물질을 안정화시킨다.

　즉, 슈퍼마켓에서 팔고 있는 '이김 와사비'(반죽한 고추냉이. 보통은 반죽하지 않은 상태이다)가 그중 하나이다. 오래 놓아두어도 서양 고추냉이의 향기가 없어지지 않도록 시클로덱스트린의 고리 안에 향기 성분이 끼워져 있다. 온도가 높아지면 고리 밖으로 빠져 나가서 향기를 낸다.

　또, 진공으로 포장한 절편의 방부제로서 시클로덱스트린에 알코올을 끼워 넣은 것이 사용되고 있다. 지금까지 사용하던 과산화수소를 사용할 수 없게 되자 대체품으로 사용하게 되었다고 한다.

　시클로덱스트린은 미생물의 '시클로말토덱스트린 글루칸전달 효소'를 녹말에 작용시켜 만든다.

4. 효소와 치즈

하나코 씨는 치즈 상자 앞에서 발을 멈추었다. 그리고 이것 저것 망설이던 끝에 한 갑을 집어 바구니에 넣었다.

"다이스케에게 먹여야지."

하나코 씨는 혼잣말을 하였다.

"영양분을 많이 섭취해 키가 커야지. 그렇지 않으면 요즈음 여자애들이 따르지 않으니까. 얘는 외아들이니까 시집 올 사람이 없을지도 몰라."

치즈 만드는 데에도 효소가 활약하고 있다. 치즈는 한마디로 말하자면 우유(양이나 산양의 젖도 좋다) 속의 단백질을 지방과 함께 응고시킨 것이다. 응고시키기 위해서는 젖산균 등의 미생물과 효소가 함께 필요하다.

먼저, 우유에 젖산균을 가해 번식시키면 젖산균이 산을 만들어서 우유는 약한 산성 상태가 된다.

다음 일은 효소의 몫이다. 송아지 위에서 빼낸 '키모신 (chymo sin=rennin)'을 가하면 키모신은 우유의 단백질(카제인) 사슬을 약간 끊는다. 이것이 방아쇠가 되어 카제인의 입체 구조가 변화하여 응고한다. 키모신이 카제인의 사슬을 약간 절단하는 곳에 특징이 있다. 즉, 트립신 등의 단백질 가수분해효소는 카제인의 사슬 여러 부분을 절단하여 조각조각 만들어 놓기 때문에 제대로 응고되지 않는다.

일본에서는 1960년 이후 치즈 생산이 급격히 증가하였다. 한편, 송아지를 도살하는 일이 적어져 키모신이 부족하게 되었다.

그래서 키모신을 대신할 효소를 물색하다가 미생물 효소 중에 같은 작용을 하는 것을 찾아냈다. 현재는 대부분 미생물 효소를 사용하여 치즈를 만들고 있다. 그러나 역시 풍미가 다르다고 한다. 그래서 유전공학적 방법으로 소의 키모신을 대장균에서 만들려고 시도하고 있다. 최근 미국에서는 이 바이오키모신을 치즈 만드는 데 사용할 수 있도록 허가가 났다고 한다.

이외에도 효소의 활약으로 만들어진 식료품이 여러 가지 있다. 예를 몇 가지 든다.

우유를 마시면 설사를 하거나, 배가 부글부글 소리를 내거나 아픈 사람이 있다. 어른이 되면 우유 속의 락트당을 잘 분해하지 못하는 사람이다. 그런 사람을 위해 미리 '락토오스 가수분해효소'라는 효소의 힘으로 락트당을 분해한 우유가 시판되고 있다.

오렌지 주스는 오렌지를 짜서 만들면 되지만 그렇게 만든 오렌지 주스는 냉장고 안에 놔두면 바로 침전과 투명한 액으로 나누어지고 만다.

그래서 효소로 처리하여 과육의 불용성분을 잘게 부수어 침전이 생기기 어렵게 한다. 또, 그레이프프루트 등 오렌지의 쓴맛 성분을 효소의 힘으로 적당히 분해하여 쓴맛이 적은 주스를 만든다.

모양이 제멋대로여서 그대로는 팔기 어려운 야채나 과일을 효소의 힘으로 적당히 분해하여 점액상으로 만들어 상품화하는 것도 이루어지고 있다고 한다.

오징어 껍질을 벗기는 데에도 효소가 활약하고 있다고 한다. 앞으로 활약하는 범위가 점점 넓어질 것으로 생각한다.

10장 인공 효소를 찾아서

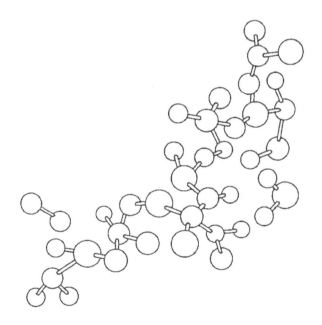

1. 효소의 사이보그 만들기-꿈

타로 씨의 여동생 히로코 씨가 애들을 데리고 놀러 왔다. 8살과 6살, 한창 장난꾸러기인 사내애만 둘이다.

곧바로 집안은 떠들썩해졌다. 하나코 씨의 시어머니는 미소를 잃지 않으면서 두 외손자에게 용돈을 주며 여러 얘기를 걸었다.

그러나 두 애는 외할머니를 상대하는 일에 싫증이 나서 이리저리 뛰어다니기 시작하였다. 묘한 손짓, 몸짓을 하고는 뛰어논다.

"사내애들은 기운이 펄펄 나는구나. 뭐라고 하는 놀이니?"

시어머니가 히로코 씨에게 물었다.

"어떤 텔레비전 프로를 보고 흉내 내는 거예요."

히로코 씨가 답했다.

"사이보그(cyborg) 흉내예요."

"그래, 사이보그가 뭐니?"

시어머니가 물었다.

"로봇의 일종이에요."

하나코 씨가 대답했다.

"아냐. 로봇과 사이보그는 달라."

히로코 씨가 설명을 한다.

"사이보그는 개조 인간을 말하는 거고, 로봇은 인조인간 즉, 기계로만 된

인간을 말해."

"응, 몰랐네."

하나코 씨가 말했다.

"나도 몰랐다. 내가 어렸을 때는 두 가지 모두 없었지."

시어머니가 말했다. 자신이 얘기한 것에 대해 납득하여 고개를 끄덕였다.

"애들은 사이보그나 로봇을 좋아해요. 우리 다이스케도 아주 좋아했어. 비싼 사이보그 인형을 잔뜩 사 줬어."

하나코 씨가 말했다.

"그래. 애들은 아주 좋아해. 힘이 세고, 하늘을 날고, 빨리 달리고, 밤에도 볼 수 있고…. 인간의 꿈인 걸."

히로코 씨가 그렇게 말하고 나서

"저, 올케, 다이스케의 사이보그 인형 아직 있어? 있으면 줘" 하고 현실적인 일을 말했다.

사이보그나 로봇은 인간의 꿈이다. 사실은 사이보그 효소와 로봇 효소의 연구도 왕성하게 이루어지고 있다.

'단백질 공학'이라는 말을 들어본 적 있을 것이다. 미국의 울머(K. M. Ulmer)라는 학자가 제창한 말로 단백질을 인간이 바라는 성질을 갖도록 설계하여 만들려는 학문이다. 당연히 단백질 중에서도 효소가 가장 중요한 대상이 된다.

제9장에서 언급한 바와 같이 인간은 효소를 여러 가지로 이용하고 있으나 더 안정적으로 높은 온도에서도 작용할 수 있게

되면 유리하다. 또, 기질 특이성을 바꾸어서 다른 물질에도 작용할 수 있도록 하면 훨씬 더 유리하다.

그래서 효소를 개조하여 그런 성질을 갖도록 시도하고 있다. 즉, 사이보그 효소를 만들려 하고 있다. 물론 최종적으로는 천연 효소와 전혀 다르게 설계하여 새로운 효소를 만드는 것이 목적이다. 그런 효소는 로봇에 가까울지도 모른다.

단백질 공학이 발전하여 사이보그 효소나 로봇 효소를 자유로이 만들 수 있게 되면 어떻게 될까?

모든 화학 공업의 촉매로 사용되어 화학 공업의 반응 프로세스는 변하게 될 것이다. 지금까지 화학 공장의 이미지는 악취, 폭발, 공해 등의 나쁜 면만 갖고 있었으나 완전히 변할 것이다.

사이보그 효소나 로봇 효소를 사용하면 태양의 빛에너지를 화학 에너지로 바꿀 수 있다. 화학 에너지를 기계적 에너지나 전기 에너지로 바꿀 수도 있다. 원자력 발전도 필요 없다. 석유나 석탄을 태워서 이산화탄소를 발생시켜 지구를 온난화시킬 걱정도 없다. 식량도 대량생산할 수 있다. 셀룰로오스도 자유로이 만들어서 삼림을 훼손할 필요도 없다. 미래의 인간 사회는 완전히 변할 것이다.

그렇지만 이것은 어디까지나 꿈이다. 다음 절의 설명과 같이 현실은 냉엄하며, 이제 출발점에서 한 발자국 나간 정도에 지나지 않는다. 그러나 한 발자국이라도 앞으로 나갔다는 것은 가치 있는 일이다.

2. 사이보그 효소 만들기-현실

효소가 촉매 활성을 발휘하기 위해서는 특정한 입체 구조가 필요하다. 이것은 '3장-4. 갈라진 틈에서 무슨 일이 일어날까'에서 자세히 설명하고 있다. 그리고 입체 구조는 아미노산 배열 순서에 따라 결정된다.

즉, 일정 아미노산 배열은 자동적으로 특정한 입체 구조를 만들게 된다. 그러므로 주어진 아미노산 배열 순서에서 그것이 만드는 입체 구조와 촉매 활성을 예측할 수 있다.

반대로 어떤 촉매 활성을 갖기 위해서는 특정 입체 구조가 필요하다. 그를 위해서 필요한 아미노산 배열, 즉, '설계도'를 만들 수도 있다.

이치는 그렇지만 현실은 요원하다. 아직 효소의 아미노산 배열 순서와 촉매 기능의 관계에 대한 지식이 부족하여 일반적인 이론을 만들 수 있는 수준이 아니다.

그러나 효소의 입체 구조가 많이 밝혀지고 있다. 그리고 컴퓨터 그래픽의 진보에 따라 입체 구조를 알기가 쉬워졌다. 현재는 아미노산 배열 순서가 만드는 부분적인 입체 구조는 적중률 높게 맞출 수 있다.

현재까지는 입체 구조가 밝혀진 효소의 극히 부분적인 1차 구조를 개조하여 촉매 기능과 성질이 어떻게 변하는가 연구하는 단계에 머물고 있다.

그래서 먼저 효소의 유전자를 얻어낸 후, 원하는 아미노산 배열대로 유전 암호가 배열된 짧은 유전자 단면을 인공적으로 합성한다. 그 DNA 단면을 사용하여 유전자에 변이를 일으킨다. 이것을 전문가는 '부위 특이적 변이'라고 한다. 이렇게 만든 새로운 개조 유전자를 대장균 등에 도입하여 새 단백질을 합성한다.

현재, 효소의 어떤 부분을 어떻게 개조해야 목적하는 성질이 얻어지는가 하는 점은 확립되어 있지 않다. 여기에는 시행착오의 요소가 크다. 그리고 실제적인 성과는 아직 거의 나오고 있지 않다.

예로서 트립신의 개조를 보자. 트립신은 단백질 가수분해효소이다. 매우 엄격한 특이성을 갖고 있으며 기질인 단백질의 사슬 중에 '리신'의 옆이나 '아르기닌'의 옆만 끊는다.

트립신 분자의 '글리신'을 '알라닌'으로 바꾸면 아르기닌의 옆을 더 잘 자르게 된다. 한편, 다른 곳에 있는 글리신을 알라닌으로 바꾸면 리신을 더 잘 자르게 되었다.

즉, 글리신→알라닌이라는 아미노산 하나의 개조로 기질 특이성에 변화가 생긴 것이다. 그러나 촉매 활성은 대폭 저하하고 만다. 그래서 개조를 성공했다고 볼 수는 없다.

촉매 활성이 상승한 경우도 물론 있다. 바실러스 서브틸리스(Bacillus subtilis)의 단백질 가수분해효소(subtilisin) 중의 '이소루신'을 '루신'으로 개조하면 촉매 활성이 약 52배나 높아진다고 한다.

그러나 어디를 어떻게 개조하면 기질 특이성이나 촉매 활성이 어떻게 변하는지 알기 힘들다. 즉 해 보지 않으면 알 수 없는 경우가 많다.

활성 부위에서 멀리 떨어진 곳을 건드려도 활성이 변하는 일이 있다.

어느 전문가는 "하면 할수록 수렁으로 빠져드는" 느낌을 받고 있다고 한다.

효소의 입체 구조는 아미노산이 서로 복잡한 상호작용으로 만들고 있다. 그래서 아미노산을 하나 바꾸면 영향이 여러 곳으로 파급된다. 쇠로 된 기계 부품을 한 개 바꾸는 것과는 다르다. 효소는 '살아 있는 것'이기 때문이다.

'시스틴'의 도입에 의한 안정화는 설계대로 성과를 얻었다. 시스틴은 '시스테인'이 두 개 연결된 형으로 단백질의 사슬과 사슬을 연결하는 다리 역할을 한다.

적당한 곳에 시스틴으로 다리를 형성시키면 입체 구조가 안정화될 수 있다. 이 방법으로 안정화에 성공한 효소가 여럿 있다고 한다.

최근 오사카에 있는 단백질 공학 연구소에서 세계에서 처음으로 단백질을 인공적으로 설계하여 만들었다는 뉴스가 크게 보도되었다.

이 단백질은 232개의 아미노산으로 되어 있으며, 우선 해당계(그림 1-3)의 구성 효소인 '트리오스-인산이성질화효소'와 비슷하게 만들었다고 한다.

전체로서는 원주형이며, 펩티드 사슬의 나선 부분은 바깥쪽에, 주름형 부분은 안쪽에 채워진 구조('3장-3. 효소의 형태에는 의미가 있다' 중반부 참조)를 하고 있다.

천연 효소를 참고로 설계도를 만들어 설계도대로 유전자를 화학적으로 합성하였다. 그것을 대장균에 끼워 넣어 균이 효소를 만들게 하였다.

만들어진 효소를 전자 현미경으로 살펴본 결과 지름이 5나노

미터, 높이가 3나노미터의 원주형으로, 설계도대로 완성되었다
한다.

그러나 이 단백질은 아무런 작용도 하지 않았다. 즉 활성 부
위는 설계하지 않은 것이다. 앞으로 여기에 여러 활성 부위를
붙여서 인공 효소를 만들 계획이라고 한다.

3. 로봇 효소 만들기

전혀 다른 발상이지만 즉 우리들 효소를 본뜨지 않고 '새로
운' 효소를 인공적으로 만드는 방법도 있다. 즉, 로봇 효소 만들기
이다.

항체를 이용하는 방법이 있다. 항체는 혈액에 있는 단백질로
몸 안에 침입한 세균 등의 이물질과 결합하여 제거한다.

이 이물질을 '항원'이라 하며, 특정 항체는 특정 항원을 식별
하여 결합한다(그림 10-1). 특정 물질을 식별하여 결합하는 것
은 효소가 특정 기질을 식별하여 결합하는 성질과 비슷하다.
실제 반응중간체와 유사한 화합물을 항원으로 하여 만든 항체
는 에스테르를 가수분해하는 활성을 갖고 있다고 한다. 촉매
활성을 갖는 항체를 '업자임(abzyme)'이라고 한다.

효소의 촉매 활성에 대한 지식을 기초로 부위 특이적 변이기
술을 사용하여 항체를 개조하면 뛰어난 업자임이 만들어질지도
모른다.

예로서, 혈전을 잘 녹여 주는 항체나 암세포만을 죽이는 항
체 등이 만들어질지도 모른다. 그러나 항체는 단백질이므로 기

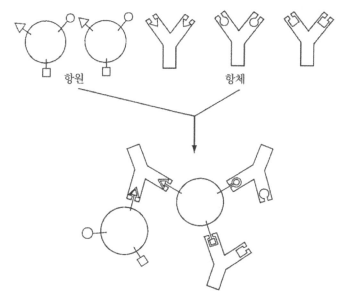

〈그림 10-1〉 항체와 항원의 결합

본적으로는 효소와 같아서 로봇 같은 느낌이 안 든다. 진짜 로봇, 즉 단백질이 아닌 다른 재료를 사용하여 효소의 작용을 하는 것을 만들려는 시도가 있다.

미생물에서 얻은 효소를 녹말에 작용시키면 '시클로덱스트린'이라는 물질이 얻어진다('9장-3. 효소와 감미료' 후반부 참조). 시클로덱스트린은 글루코오스 6~8개 분자가 고리형으로 연결된 것으로 도넛이나 밑 빠진 양동이 모양을 하고 있다.

가운데 구멍은 물 분자와의 친화성이 작은 환경을 만들고 있어서 여러 유기 화합물을 잡아들인다. 당연히 6개의 글루코오스로 된 시클로덱스트린의 구멍은 작고, 8개로 된 시클로덱스트린의 구멍은 크다(그림 10-2).

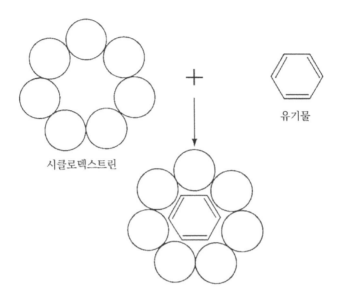

〈그림 10-2〉 유기물이 시클로덱스트린의 구멍에 끼여들어 간다

여러 물질이 시클로덱스트린의 구멍에 들어가는 것은 기질이 효소의 활성 부위에 들어가는 것과 비슷하다.

실제 약하지만 시클로덱스트린도 촉매 활성이 있다. 시클로덱스트린에 여러 기를 도입하면 촉매 활성이 증가한다.

예로서, '이미다졸기'를 붙이면 인산에스테르를 가수분해할 수 있게 된다. 이미다졸기를 붙이는 팔의 길이를 여러 가지로 바꾸어 보면 반응의 선택성까지 나타난다. 즉 점점 효소와 비슷하게 되어 간다.

물론 아직 진짜 효소 같은 뛰어난 능력을 갖는 것을 만들 수는 없다. 효소는 수십 억 년 동안의 역사 속에서 만들어진 것이니까 이에 비교할 수는 없다. 그래서 그렇게 쉽게 천연 효소 이상 가는 것을 만들 수 있다고는 생각하지 않는다.

뭐, 우리 효소의 선조가 누군지 알고 싶다고? 그럼 다음 절
에서 살펴보자.

4. 리보자임-효소의 조상

1989년도 노벨화학상은 미국의 시드니 알트만과 토머스 체
크가 받았다. 'RNA 촉매 기능의 발견'에 대한 공적에 의해서
이다. 효소의 본체는 지금까지 설명한 바와 같이 단백질이다.
오랜 기간 촉매 기능을 갖는 생체 성분은 단백질뿐이라고 생각
해 왔다. 그러나 촉매 작용, 즉 효소와 닮은 기능을 갖는 RNA
가 발견되었다. 훌륭한 발견이다.

효소를 비롯한 단백질이 세포 속에서 만들어질 때는 먼저 유
전자의 정보가 RNA에 전사되고, 이 RNA를 바탕으로 단백질
이 만들어진다('1장-5. 유전자의 열쇠를 파악' 후반부 참조).
실제 단백질이 합성되는 곳은 '리보솜'이라는 입자이다. 즉 리
보솜이 단백질의 '합성 공장'이다.

리보솜은 여러 종류의 RNA와 수십 종류의 단백질로 되어
있다. 리보솜의 RNA와 단백질에도 각기 유전자가 있어서 그들
정보를 바탕으로 만들어진다. 리보솜 RNA는 먼저 'preRNA'라
는 큰 RNA의 사슬이 만들어진 다음 여분의 사슬이 끊어져 나
가 리보솜 RNA가 된다.

테트라히메나라는 생물의 리보솜 RNA를 연구하던 중, 금방
만들어진 큰 preRNA가 자기 자신을 절단하거나 조각을 연결
하여 리보솜 RNA를 만들어 버리는 것을 발견하였다. 이때 효

소는 전혀 관여하지 않는다.

그래서 이 촉매 작용을 갖는 RNA를 '리보자임(ribozyme)'이라고 하게 되었다. 현재 촉매 작용을 갖는 RNA는 그 외에도 많이 알려지고 있다.

RNA도 촉매 활성을 가질 수 있다는 사실은 생명의 근원과 진화 면에서 매우 흥미 있는 사실이다.

효소를 비롯한 단백질은 DNA와 RNA를 바탕으로 만들어진다. 한편 DNA와 RNA가 만들어지는 데는 효소가 필요하다. 원시 지구상에 생명이 탄생하였을 때, 단백질이 먼저 생겼는가 아니면 RNA나 DNA가 먼저 생겼는가 하는 점은 마치 "달걀이 먼저냐, 닭이 먼저냐" 하는 의문과 같다.

그러나 촉매 활성을 갖는 RNA가 존재한다고 하면 생명 탄생 시에 먼저 생긴 것은 RNA가 아니었을 것이다.

원시 바다에 존재하던 암모니아, 메탄, 이산화탄소 등에서 자외선, 번개, 화산 열 등의 작용으로 아미노산 및 RNA, DNA의 구성 당이나 염기 성분이 만들어졌다. 그들은 다시 열이나 화학 촉매의 힘으로 중합하여 단백질이나 DNA, RNA와 비슷한 구조가 되었을 것으로 생각된다.

원시 RNA 중에 촉매 작용을 하는 RNA가 생겨 RNA 사슬을 끊거나, 연결하여 자신을 늘여 나갔다. 즉 자기 복제를 하였을 것이다. 그중 아미노산을 연결하는 능력도 획득하여 효소 등이 탄생하였을 것이다.

물론, 촉매 작용 능력은 효소가 훨씬 뛰어나므로 역시 효소가 촉매의 주역인 점에는 변함이 없다.

5. 효소를 고정화한다

얘기가 현실에서 좀 벗어난 것 같다. 얘기를 다시 현실로 돌리자. 효소의 뛰어난 촉매적 성질은 이미 잘 이해하였을 것이다.

그러나 산업에 이용할 경우 단점도 있다. 그중 첫 번째 문제는 효소가 튼튼하지 않아 오래 사용할 수 없다는 점이다. 요즘은 고온 생육 쪽팡이에서 튼튼한 효소를 얻으려 하고 있으나 잘 얻어지지 않는다.

두 번째 문제점은 비싸다는 점이다. 생물의 몸에서 효소를 정제해내는 데는 복잡한 조작을 필요로 하므로 경비가 많이 든다. 비싼 촉매를 단지 한 번 사용하고 버리는 것은 공업적으로 아깝다. 그래서 여러 번 반복하여 사용할 수 있는 방법을 찾게 되었다.

효소를 '고정화'하면 이 문제를 해결할 수 있다. 효소를 적당한 불용성 물질에 결합시켜 불용화한다. 이것을 고정화라 한다. 그러면 반응조에서 효소를 간단히 회수하여 다시 사용할 수 있다. 나아가, 효소를 고정화하면 입체 구조가 안정화되어 오래 사용할 수 있다.

고정화 방법이나 물질은 여러 가지이다. 예로서 입자상 물질에 결합시켜 컬럼에 채우고 위에서 기질 용액을 가하면 컬럼을 통과하면서 반응이 일어나 밑으로 생성물을 함유한 반응액이 계속 나온다. 즉 반응을 연속적으로 수행할 수 있다.

일본은 고정화 기술에서는 선진국이라 실용 예가 많다. 크실로오스 이성질화효소('9장-3. 효소와 감미료' 중반부 참조)를 사용하여 이성화당을 만들 때와 페니실린 제조에 사용되는 페니실린 아미드 가수분해효소 등도 고정화하여 사용하고 있다.

녹말을 당화하는 효소와 알코올을 발효하는 효소 무리를 모두 고정화하여 컬럼에 채우고 위에서 녹말 용액을 가하면 밑에서 술이 되어 나오게 마련이다. 이런 가정용 술 제조기가 시판될지도 모른다.

하나코 씨가 가장 먼저 장만할 것이라고?

아니다. 하나코 씨는 술을 밖에서 마시기를 좋아한다. 친구와 왁자지껄 함께 어울려 주점에서 즐기며 마시는 것을 좋아한다. 그것이 스트레스를 해소시킨다고 한다.

실은 오늘 밤도 마시러 나갈 것 같다. 아까 노부코 씨에게서 전화가 걸려 왔었다.

자, 간장의 효소들아. 오늘도 열심히 일해라! 일복이 터졌구나.

이 책에 나오는 대표적인 물질의 화학 구조

( )안의 숫자는 제O장-O절

ATP
(1-3)

해당계와
알코올 발효
(1-3)

글루코오스

ATP
ADP
헥소 키나아제

글루코오스 6 - 인산

글루코오스 6 - 인산
이성질화효소

프룩토오스 6 - 인산

ATP 포스포 6 - 프룩토오스
ADP 키나아제

〈부록 1-1〉

〈해당계 계속〉

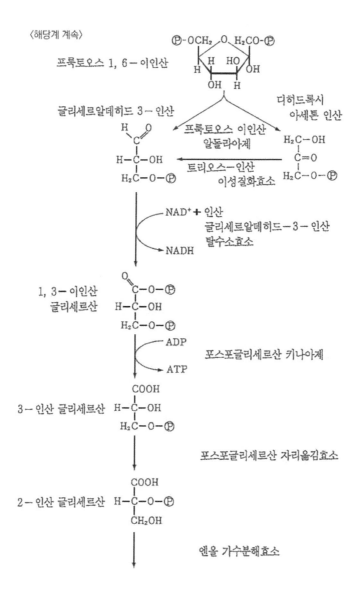

〈부록 1-2〉

〈해당계 계속〉

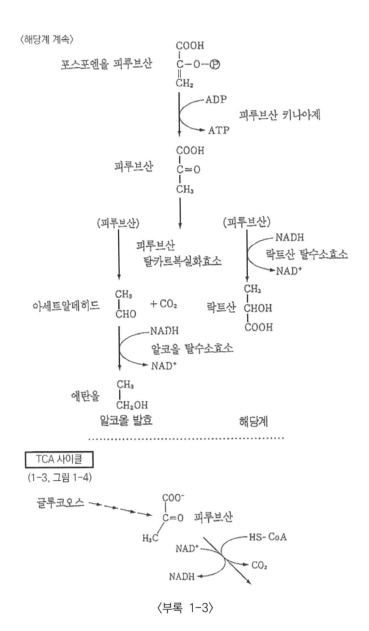

〈부록 1-3〉

〈TCA 사이클 계속〉

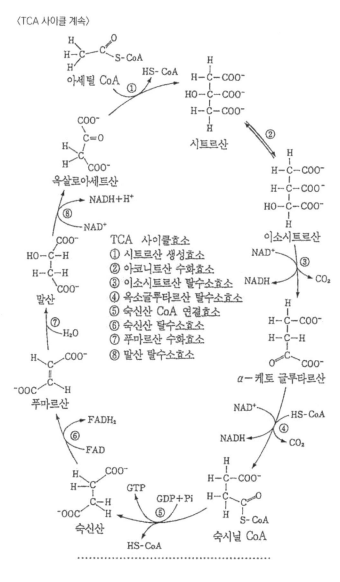

TCA 사이클효소
① 시트르산 생성효소
② 아코니트산 수화효소
③ 이소시트르산 탈수소효소
④ 옥소글루타르산 탈수소효소
⑤ 숙신산 CoA 연결효소
⑥ 숙신산 탈수소효소
⑦ 푸마르산 수화효소
⑧ 말산 탈수소효소

〈부록 1-4〉

174

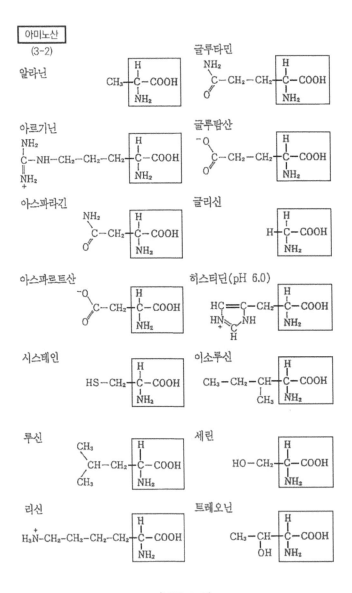

〈아미노산 계속〉

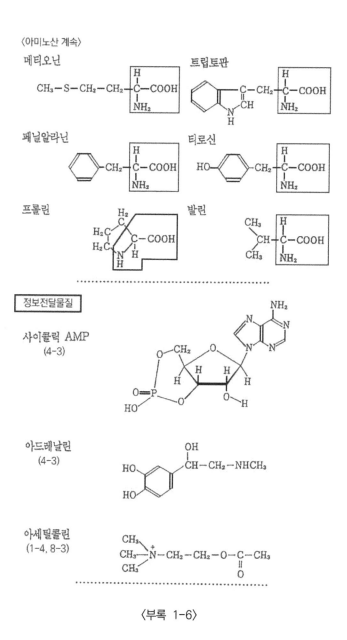

메티오닌

$CH_3-S-CH_2-CH_2-\underset{NH_2}{\overset{H}{C}}-COOH$

트립토판

페닐알라닌

티로신

프롤린

발린

정보전달물질

사이클릭 AMP
(4-3)

아드레날린
(4-3)

아세틸콜린
(1-4, 8-3)

〈부록 1-6〉

효소의 보조 인자
(5-3)

NAD⁺(니코틴아미드 아데닌
디뉴클레오티드, 산화형)

NADH(환원형)

NADP⁺(니코틴아미드 아데닌 디뉴클레오티드 인산, 산화형)

〈부록 1-7〉

〈효소의 보조 인자 계속〉

FAD(산화형) FAD(환원형)

티아민 피로인산

피리독살 인산

〈부록 1-8〉

178

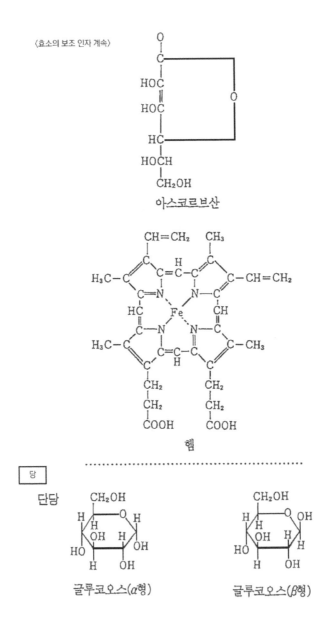

〈효소의 보조 인자 계속〉

아스코르브산

헴

당

단당

글루코오스(α형) 글루코오스(β형)

〈부록 1-9〉

〈당 계속〉

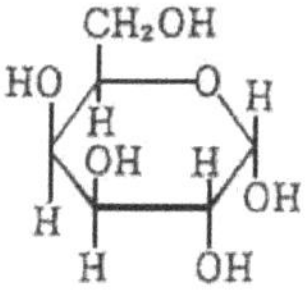

갈락토오스(α형) 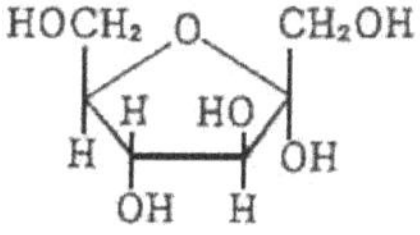　　　프룩토오스(α)

올리고당　설탕
（135쪽）

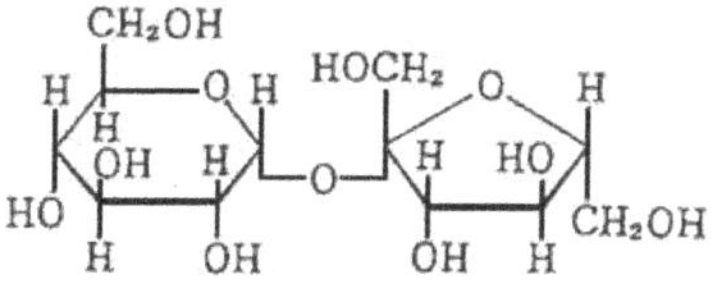

말토오스(맥아당)
（9-3）

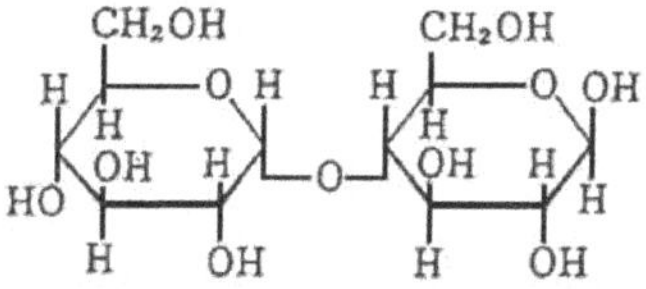

락트당
（4-5）

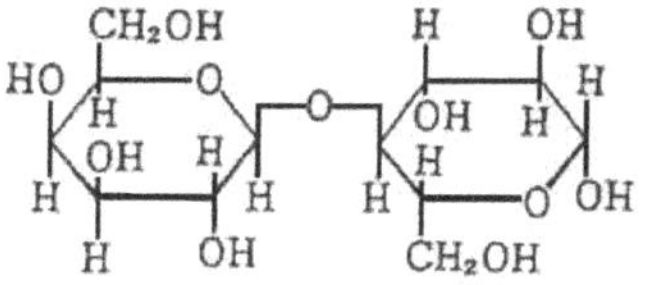

다당
녹말
（9-3）

（아밀로오스）

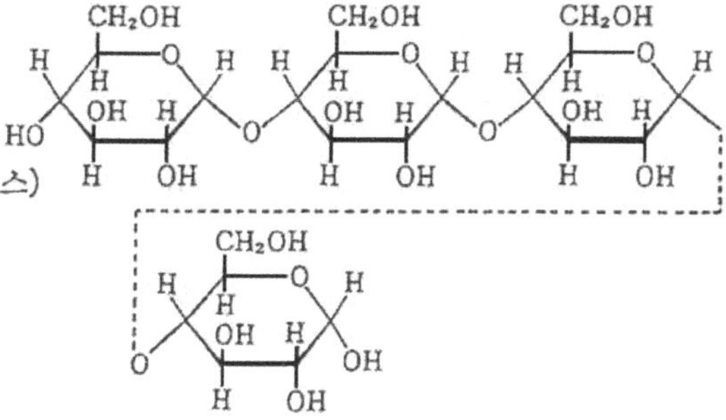

〈부록 1-10〉

180

〈당 계속〉

(아밀로펙틴)

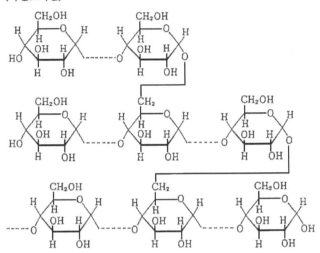

셀룰로오스
(9-1)

〈부록 1-11〉

나는 효소이다

생명을 지탱하는 초능력자들

1 쇄　1994년 03월 10일
중쇄　2018년 06월 04일

지은이　후지모토 다이사브로
옮긴이　안용근
펴낸이　손영일
펴낸곳　전파과학사
주소　서울시 서대문구 증가로 18, 204호
등록　1956. 7. 23. 등록 제10-89호
전화　(02)333-8877(8855)
FAX　(02)334-8092
홈페이지　www.s-wave.co.kr
E-mail　chonpa2@hanmail.net
공식블로그　http://blog.naver.com/siencia

ISBN 978-89-7044-143-6 (03430)
파본은 구입처에서 교환해 드립니다.
정가는 커버에 표시되어 있습니다.

도서목록
현대과학신서

도서목록
BLUE BACKS